四季
花草混栽

享受种花与插花的乐趣

（日）松田尚美 著　　　　　　　王梦蕾 译

CHIC STYLE FLOWERS

U0212116

化学工业出版社

·北京·

Originally published in Japan by PIE International
Under the title　シック スタイル フラワーズ　12 か月の寄せ植えとフラワーアレンジ
(Chic Style Flowers)
© 2017 Naomi Matsuda / PIE International

北京市版权局著作权合同登记号：01-2021-3070

图书在版编目（CIP）数据

四季花草混栽：享受种花与插花的乐趣／（日）
松田尚美著；王梦蕾译 . —北京：化学工业出版社，
2021.8
　ISBN 978-7-122-39343-2

　Ⅰ . ①四… Ⅱ . ①松… ②王… Ⅲ . ①花卉 - 观赏园
艺②插花 - 装饰美术 Ⅳ . ① S68 ② J525.12

中国版本图书馆 CIP 数据核字 (2021) 第 112365 号

【日文版制作团队】

作者：松田尚美
摄影：清水奈绪
执笔：铃木久美子、八木由喜子
设计：Omori Sachie（and paper）
校对：樱井纯子、小堀满子
编辑：高桥薰（高桥 Kaoru）

中文简体字版，部分版式与日文版有所不同。

责任编辑：林俐　刘晓婷　　　　　　　　　　　装帧设计：清格印象设计
责任校对：边涛

出版发行：化学工业出版社（北京市东城区青年湖南街 13 号　邮政编码 100011）
印　　装：北京宝隆世纪印刷有限公司
787mm×1092mm　1/16　印张 9　字数 200 千字　2021 年 9 月北京第 1 版第 1 次印刷

购书咨询：010-64518888　售后服务：010-64518899
网　　址：http://www.cip.com.cn
凡购买本书，如有缺损质量问题，本社销售中心负责调换。

定　　价：68.00 元　　　　　　　　　　　　　版权所有　违者必究

前 言

自记事起，我身边便一直有花草相伴。

家里的院子里长满了三色堇、林荫银莲花、福禄考、玉竹、瑞香和月季等。到了丁香花开的季节，爸妈就会用包装纸把丁香花包起来，满心骄傲地让我带到学校去。夏天的时候在阳台上种满丝瓜，秋天的时候往结了满树的桃子上套袋子。到了冬天，树林里堆起厚厚一层落叶，我们就把它当作天然毛毯，躺在上面嬉笑打闹。每一天都与植物一同玩耍的童年仍旧历历在目。

结婚以后，我正式将花艺作为本职工作，但30岁时事业和生育两项重任压在肩头，与鲜花打交道的工作时间自然而然地就变少了。经历过这个阶段后，鲜花又回归到了我的日常生活，院子里和客厅里都种了花，在每一天的生活中都可以欣赏它们。

鲜花虽然不能永存，但每一个为鲜花之美动容的瞬间，都是与自我相遇的时刻。养花就如同育人，让自身也随之成长。这是我在与植物一同度过的生活中体会到的。不论是过去还是将来，我都希望鲜花能够永远陪伴你我。

松田尚美

目 录

关于本书内介绍的混栽技法的说明

* 木制花盆等由天然材料制成的花器，随着时间的推移会出现不同程度的腐蚀。

* 使用箱子等容器时，可在箱底放置瓦片等物品，用于排水透气。

* 本书 082 页 "秋日果实—— 山楂瓶插" 及 096 页 "盘栽水仙" 为展示用的案例，并不能用于长期观赏。

倾听植物的声音，与植物对话，
这是与植物打交道的最佳秘诀

　　本书选择的都是一些常见的相对比较容易照料的花花草草。虽然也使用了一些经过改良后花色独特的花材，但大多数都是人们熟悉和喜爱的品种，可以在花店里轻易找到。如果大家种出来的效果不理想，可以重新选择搭配的花器。使用有情调的花器可以把植物衬托得更加美丽。并且，如果有闲置的没用过的容器，只要它能用来混栽植物，就一定要拿来试一试。

　　另外，还有一件事非常重要。不要忘记与花草们对话。栽种好喜欢的花草之后，要经常去问问它们感觉如何。比如，喜不喜欢现在的光照？想不想要多浇些水？喜欢朝向哪边摆放？如果是插花，就要给它勤换水，而且要用好水，甚至是可以饮用的水。这就是能够让鲜花们更加健康的最佳秘诀。

鲜花月历

本书把一年 12 个月分为四个主题进行介绍。

BRIGHT
明亮

　　4 月，大地回春，暖意袭人。5 月，迎来新绿。6 月，绿意渐浓。这一节中收罗了适合在这些明亮的时节欣赏的植物。不仅仅是混栽，还有简单的插花，以及鲜花与甜点的搭配等。大多都是以粉色系为主，如果找不到粉色花卉，可以使用其他亮色鲜花来代替。

FRESH
鲜活

　　7 月，日照渐强，夏季伊始。8 月，气温陡生，进入盛夏。在这段时间，植物的颜色会愈加美丽。在这一节中，主要介绍的是鲜艳清爽的混栽搭配，以绿色为主，让酷热的暑气一扫而光。使用的花器也都很有特色。初秋 9 月的作品，在鲜艳的基础上增添了一抹秋色，让人感受到时间的流逝。

4 月 / APRIL

6 月 / JUNE

7 月 / JULY

8 月 / AUGUST

9 月 / SEPTEMBER

5 月 / MAY

SMOKY
烟熏

　　10月，夏季落幕，凉风习习，优雅的花朵让人感到眷恋。本节中主要介绍的是以紫红色系为主的能够令人感到秋意的作品。11月，艳丽金秋，是丰收的季节。我们可以看到成熟的果实与花卉的和谐搭配，组成美丽的渐变。12月，冬季降临，树叶与果实回归大地。在这一节中，将会有各种绿色与白色组成的简约搭配登场，令人眼前一亮。

WARM
暖意

　　1月，凛冬将至，万物静谧。2月，万物在寒冷中静待春天。3月，终于等来了春天的脚步。这也是一个让人目睹万物渐渐染上鲜艳色彩，感受四季轮换的季节。1月我们将介绍白中泛粉，以及黄色、橘色等暖色调的花卉。另外还有冬季开花的球根植物，这是只有在这个季节才能欣赏到的景色。2月我们通过泛紫的深色系花朵纪念将要结束的冬天。3月则用柔美的鲜花来迎接美好的春天。

10月/OCTOBER

11月/NOVEMBER

1月/JANUARY

12月/DECEMBER

2月/FEBRUARY

3月/MARCH

基本的材料与工具

本章将介绍花草混栽及插花中会使用的基本材料与工具。
要是手边的工具和材料都备齐了，可以先从小型的作品开始尝试。

混栽用的容器

混栽最必不可少的就是盛放植物的容器，需要在容器上打孔，以便漏水。也可以直接使用带漏水孔的容器。

花器

用于插花。可以使用小的玻璃杯或空瓶，也可以用盘子代替。

陶粒砂

陶粒砂是黏土经过高温加热后制成的多孔人工栽培基质，保水能力很好，使用陶粒砂，容器不开孔也没有关系。

根部防腐剂

可以防止烂根死苗并且促进开花的硅酸盐药剂。

培养土

在赤土或黏土中加入肥料、腐叶土等成分制成的混合基质。有很好的保水性及透气性。

干苔藓

干燥后的苔藓，可以铺在网眼较大的篮子底部，也可以盖在花土表面。

盆底石

大粒轻石，可以增强滤水性及透气性。在放入花土前铺在容器底。

网垫

铺在盆底的打孔处，防止花土及盆底石掉出。也可以防止害虫从容器底爬入。

花铲

用于将花土及石头放进花盆。在小型花盆中种花时，使用前端较细的花铲比较方便。

垫布

在给花换盆或是插花时铺一张垫布，可以防止弄脏地板或桌面。选择大一些的垫布使用起来更方便。

水壶

给混栽植物浇水时，需要从盆的边缘将水浇在土上，因此推荐大家选择壶嘴较细的水壶。

植物营养剂

一种水溶液，含有植物生长必需的养分。经过稀释后，可在换盆或是浇水时使用，能使植物焕发生机。

不同剪刀用途各不相同

左边的花剪刀刃较大，用来剪粗枝。右边的花剪刀刃比较窄，用来剪花茎。介于二者之间的剪刀则可以兼备多种功能。

园艺剪

与一般的剪刀不同，园艺剪在剪枝时对输导组织的压迫较小，断面相对比较完整。

旧报纸

可以用来辅助花材做保水。水煮或灼烧花茎进行保水时，花朵部分包上旧报纸可以防止花朵受损。

较深的桶或花器

切花保水时，完成浸烫或灼烧的步骤后，需要立刻将其浸泡在深水中。因此尽量选择较深的桶或花器。

筛子

在玻璃花器中使用根部防腐剂时，为了防止水变浑浊，可以用筛子先将药剂稍微筛一下。

不锈钢盆

带根的植物插入容器前，可以将根上附着的花土抖在不锈钢盆中。

锤子

切花保水的一种方法是用锤子敲烂花茎切口部分。使用金属花器时，也可以用锤子和钉子在底部打孔。

花艺铁丝网

由细花艺铁丝编成的网。可以和干苔藓搭配使用，起到代替容器的作用。

玻璃纸

透明的塑料纸，铺在网眼较细的篮子里，防止花土漏出。

花泥

既可以固定花材，又可以保水的插花材料。可以根据花器的大小将花泥切成合适的大小。

保水棉

保水性极高的棉片。保水棉吸满水后包裹在完成的花束茎部，即可给花束保水。

花艺铁丝

花艺铁丝的型号数字越小越粗，数字越大越细。24号和26号使用起来最方便。

拉菲草

将拉菲草叶切成细条并干燥制成。拉菲草是天然素材，用它绑花束时，不容易伤害到植物。

麻绳

将吊篮等容器吊在墙上或天花板上时会用到麻绳。麻绳也是天然材料，与植物很搭。

花草混栽基础课

混栽是在一个盆中栽种多种不同的植物，用混栽技法完成的作品非常华丽。
搭配植物的过程也很有趣，下面向大家介绍混栽的基本方法。

准备植物

① 三色堇
② 龙面花
③ 粉红鼠尾草
④ 紫蕨草
⑤ 蓝羊茅

栽种　how to

1
裁剪一块网垫放在盆底开孔处，大小比盆底的开孔稍大。

2
在盆底铺上盆底石，约占花盆容量的10%～20%。

3
放入培养土，约占花盆的一半。

4
将三色堇从栽种盆中取出，稍微松土后栽种。注意不要过多触碰根系。

存在感强的植物放在后面，增加装饰性

5
用同样的方式将龙面花种在后方。

6
将粉红鼠尾草种在龙面花的一侧。

很多家居小物都可以作为混栽容器

藤编小筐

为了防止土从网眼中漏出来，可以把开了排水孔的玻璃纸垫在下面。

铁丝篮

在底部铺上不太显眼的黑色或棕色无纺布，可以防止土漏出来。

铁丝吊篮

只要在底部铺上干苔藓，看起来有些显眼的铁丝吊篮就可以显得很自然。

铁皮桶

一些金属桶使用钉子和锤子在底部开孔，就可以变成一个时髦雅致的花器了。

搭配不同颜色的草类植物，可以衬托主花的色彩

7

将紫蕨草种在三色堇的旁边。

8

将蓝羊茅种在三色堇后边。蓝羊茅可以使整个作品更加自然协调，有这种作用的植物要在最后栽种。

9

确认培养土是否填满整个花盆，不够的地方要补填。

10

拿起花盆，轻轻颠几下，让花盆、培养土及植物充分接触。

11

将水注入水壶中，并加入植物营养剂。浇水的量要大，直到水从盆底渗出为止。

完成

BASIC LESSON
FLOWER ARRANGEMENT

鲜切花插花基础课

插花可以让我们在室内欣赏到四季鲜花，感受时光流转。
这里向大家介绍一些实用的基本搭配方法。

准备植物

① 菲利卡
② 景天
③ 绣球
④ 长叶金钗木
⑤ 杭白菊

插制 how to

1

给植物做保水。在菲利卡花茎根部剪开一道 2～3 厘米的开口，帮助其吸水。

先放入枝条或花朵繁盛的植物

2

像菲利卡这种花量较大的植物，插花时可放倒后横向插在花器边缘。

3

景天插在与菲利卡相对的另一侧。

4

将主花绣球插在菲利卡的上方，杭白菊插在绣球的一侧。

用叶片细长的植物增加景深感

5

将一根较长的长叶金钗木剪成两段，分别插在前方和后方。

完成

一般来说花店都会给切花做保水。
如果买回来的切花打蔫了，就试着自己做一做保水吧。

容易打蔫的植物

用旧报纸裹住切花的花及茎部。

将茎的根部 2 ~ 3 厘米的部分用火烧至发黑。

立刻将切花浸泡在较深的水中，放置半天到一天左右。

会分泌汁液的植物

或者

将茎的根部剪开，用锤子把纤维砸碎，泡在较深的水中

将茎根部的 2 ~ 3 厘米的部分用热水煮 10 秒后浸泡在深水中。也可以灼烧后再水煮。

菊科植物

用手将茎掰断，将断面纤维磨成毛躁状态后泡在深水中。

粗枝

用锯将粗枝断面锯出十字开口，浸泡在深水中。

茎内呈棉絮状的植物

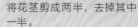

将花茎剪成两半，去掉其中一半。

刮掉花茎中的棉絮状物质，深水浸泡。

明亮 BRIGHT

小巧的花蕾开始绽放，

明亮的新绿逐渐铺展开来⋯⋯

寒冬时在土中深眠的花花草草

开始苏醒，欣欣向荣。

只是看着这生机勃勃的景象，心情就会变好。

从春天到初夏这段时间，

是各种花卉不断绽放的时节。

气温回暖，打理院子的时候也变得轻松很多。

想象着种下的植物会开出什么颜色的花朵也是乐趣之一。

请一定要亲身感受一下这样的快乐。

APRIL

4
月

传递春意的粉色花卉成为主角

4月，心情也随着春天的到来变得轻快起来，来用洋溢春色的花朵插花吧。本章囊括了可以简单上手的花篮混栽、盆栽植物的插花、大胆使用三种樱花的插花。设计的秘诀在于色彩搭配。将惹人怜爱的粉色作为主色调，配上紫色、白色及绿色。另外，花与花器的搭配也很重要。选择花器时，要预先在脑海中想象出成品的样子。如果想要尝试体量较大的混栽则使用大一些的篮子，插制花枝饱满的樱花则选用高度较高的花瓶。

4月的花卉

4月有很多粉色花卉开花，本书选用了齿叶溲疏、迷你月季、樱花等颜色温润的花。为了让设计不显单调，使用多种粉色的鲜花，利用深浅不同的色彩丰富层次。辅之以小茴香及银边翠等叶材，增加整体的绿意，可以将鲜花衬托得更美丽。

No.1

铁丝花篮混栽

齿叶溲疏静静地在土面上平铺生长，十分可爱。为了彰显这种特性，我们选用比较宽的铁丝花篮作为花器。搭配叶片舒展的小茴香及黑种草，组合出圆润的轮廓。再使用马鞭草做出粉色的浓淡差异，并配上深紫色的天芥菜，能立马提升整体的效果，营造优雅时髦的氛围。

花材与资材

① 齿叶溲疏…2 盆

齿叶溲疏即便是一小枝也可以开很多花，可让混栽整体看上去更饱满。本案例选用了粉色的齿叶溲疏。

② 天芥菜…2 盆

天芥菜会在顶端绽放像星星一样的小花，十分可爱，是绝佳的配花。

③ 黑种草…2 盆

黑种草茎就像花艺铁丝一样，十分有特点。这里选择了白绿色的品种作为配花。

④ 矮牵牛…2 盆

选择了渐变花色的矮牵牛。

⑤ 马鞭草…2 盆

马鞭草的花就像一簇簇小樱花。与齿叶溲疏搭配在一起，可以制造出粉色的浓淡层次。

⑥ 小茴香…2 盆

小茴香的叶子分叉很密，像丝线一样，左右伸展的幅度较大。

要点

这一节的混栽基本都是将植物从花盆里取出来直接移栽，大家可以轻松尝试。在取出植物的时候，轻轻将根部的花土抖落，注意不要伤到根系。如果不知道该怎么排布植物的位置，可以在取出植物之前连花盆一起试着摆一摆。高的植物放在后面，矮的植物放在前面是窍门之一。

需要准备的资材

铁丝花篮大约长56 厘米、宽33 厘米、高22 厘米。复古风格的铁丝花篮最佳，如果没有，也可以用一般的款式代替。

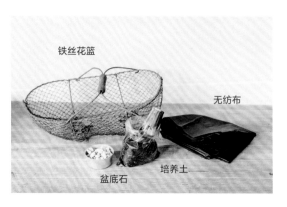

1 在铁丝花篮里铺上无纺布。为了方便透水，用钉子之类的尖锐物在无纺布上扎大约 30 个孔。

2 放入盆底石，高度约为篮子的 1/5。这也是为了提高透水性，防止烂根。

3 放入培养土，高度约为篮子的 2/3，铺平。

4 将齿叶溲疏从盆里取出，种在篮子的左右两侧。

5 将天芥菜种在齿叶溲疏之间。

6 黑种草分别种在前方及后方。

7 矮牵牛同样种在前方及后方。

8 马鞭草分别种在左右两侧。

9 小茴香分别种在左后方和右后方的角落。在各株植物之间加上足够的培养土，浇透水。

完成

No.2

春天的小盆栽与白柜子

将喜欢的植物栽种到精美的花器中，然后放进壁挂的小柜子里展示，制造出一个美丽的小景观。选择了复古风格的柜子与花器，花卉则选择有透明感的粉色系品种。为了增加整体的效果，装饰了高度较高的贝母以及垂茎的铁线莲。在摆放花盆时，不要摆放得太规矩，秘诀在于一边注意整体的均衡性，一边尽量随意地进行摆放。此外，摆上一幅以花为主题的油画作背景，更能增添复古的风情。

花材与资材

① 铁线莲（蒙大拿）…2 盆

② ⑤ 贝母…2 盆

③ 迷你月季…2 盆

④ 大戟…1 盆

⑥ 红车轴草…1 盆

⑦ 卵叶樱烛花…1 盆

⑧ 洋甘菊…1 盆

⑨ 卷耳状石头花…2 盆

⑩ 满天星…1 盆

要点

在移栽植物的时候，新盆最好比旧盆大一圈。移栽结束后给植物浇水，再放置一段时间后进行摆放。摆放花盆时并没有固定的顺序，可以结合柜子的大小及整体的均衡感进行搭配。

需要准备的资材

复古风的柜子长 70 厘米、宽 20 厘米、高50 厘米，可以用置物架代替。油画也可以用照片代替。

制作方法

1

将柜子挂在墙上。

2

将所有的植物从原本的花盆中取出，移栽进喜欢的花器中。将铁线莲放在柜子顶部。

3

将茎较短的贝母放在铁线莲旁边，将迷你月季放在柜子上层中间。

4

将大戟放在柜子下层靠左的一侧。

5

将茎较长的贝母放在柜子上层右侧，卷耳状石头花及卵叶樱烛花放在下层中间。

6

其他花盆也随机放在柜子里，要注意整体的平衡。在柜子上层中间位置放一幅油画。

樱花插花

春天就干脆插上一大瓶樱花吧。将由赏樱名地"吉野山"命名的红吉野樱、有着漂亮的粉色花瓣的阳光樱、名字与花一样美的雅樱这三种樱花插进瓶中。有着古风氛围的樱花花枝，装饰现代风空间也很合适。此外，在这个设计中，我们有意不使用樱花以外的花材，充分展现花枝本身的美。

要点

秘诀在于调整各枝樱花的长度，将最长的一枝放在中央的位置。使用较高的玻璃花瓶，又可爱又不失飒爽风姿。花枝在剪口后进行保水，就可以保持较长时间不枯萎。

花材与资材

① 红吉野樱…1 枝

② 阳光樱…1 枝

③ 雅樱…2 枝

其他资材

使用的花瓶直径 23 厘米、高 55 厘米。推荐使用窄口瓶，更方便固定花枝。如果手边没有，也可以用普通花瓶。

制作方法

1 使用锯子在花枝截面上开口，粗枝开十字口，细枝一字口。深度约 5 厘米。

2 先插较长、较粗的枝条。将花枝互相交叉着放更容易固定。

3 接下来插入中等长度的枝条。

4 最后将短枝插在前面，边检查整体的平衡边进行调整。

花毛茛、浆果与甜品

鲜花并非只能用来栽种和插花，也可以与甜
品进行搭配，用在派对或者孩子的生日会上
都很出彩。搭配的方法很简单：首先做几个
小松饼，夹上奶油；其次把草莓切成两半；
然后将小松饼、草莓、花毛茛、大星芹、豆
子的叶、菝葜随意地摆放在切板上；最后撒
上糖粉就大功告成了。如果想做成全都能吃
的搭配，可以选择食用花卉。

MAY

5 月

不同的场合装饰不同的鲜花

要结合不同的地点及主题设计不同的花艺。这一节，我们将向大家介绍适用于不同场合的人气混栽和插花。首先要根据不同的场合选择不同的花材、容器。如果是树木葱郁的庭院，就选择白色与绿色为主色调的花材，搭配吊篮花器；玄关的门上就挂上华丽的花环，向客人们表达欢迎之意；有纪念意义的日子，就做个可爱的花束和花冠吧。每一种都不难，可以放心尝试。

5 月的花卉

5 月，除了淡色花卉，也有一些深色品种开始开花了。本节的主角是白色的铁线莲、只需一朵也很有存在感的大丽花，以及品种多样的芍药。而配花则包括天竺葵、矾根、花毛茛和其他一些独特的花卉。

No.1

铁线莲吊篮

本案例是用于装饰庭院的植物吊篮。以铁线莲为主花，颜色是白绿色调，更适合院子的氛围。选择绵毛水苏、天竺葵、蓝羊茅进行简单搭配。选择篮子时，可以根据院子里种植的鲜花及绿植进行挑选，能形成和谐统一的美感。

花材与资材

① 铁线莲（白万重）…2 盆

铁线莲是开花较多的藤本植物，藤叶可以垂吊下来，非常适合制作植物吊篮。

② 绵毛水苏…3 盆

绵毛水苏的叶子像羊耳朵一样，覆盖着白色的软毛，手感很好，非常适合作为配花。

③ 斑叶玫瑰天竺葵…3 盆

使用的是叶片外围发白的玫瑰天竺葵，如果有花，可以选择白色品种。

④ 蓝羊茅…1 盆

蓝羊茅的特点是细长的叶子密密匝匝地聚在一起，能增加作品的体量感。

要点

铁线莲苗一般都会配有支架（方便花藤攀缘在支架上），使用时需要小心地将支架取下。充分利用铁线莲的特点，让花藤垂下来，再将蓝羊茅种在铁线莲后方，使作品整体更饱满。

需要准备的资材

配有麻袋的做旧的铁艺篮子长 40 厘米、宽 20 厘米、高 29 厘米。也可以找一个旧麻袋套在铁筐上自己 DIY。

配有麻袋的做旧的铁艺篮子

培养土　　盆底石

制作方法

1

在配有麻袋的做旧的铁艺篮子里放入盆底石，大约占篮子的 1/5。

2

将培养土放入篮子，至篮子高度的 2/3，铺平。

3

将铁线莲从花盆中取出，分别种在篮子的左右两侧。

4

将绵毛水苏、玫瑰天竺葵种在铁线莲中间，注意整体的平衡性。

5

将蓝羊茅种在后方，在各株植物之间添加培养土，浇透水。

完成之后可以在篮子上绑上麻绳，挂在围栏或墙上。挂好篮子之后要记得整理好花藤及茎叶。夏天以外的季节浇水频率为每天 1 次即可。

可爱的大丽花混栽

大丽花的花瓣很有特点，与芍药十分类似。以大丽花为中心，将矾根种在前方，再在后方种上高高的柳穿鱼。利用品种之间的高低差彰显混栽的魅力。花器选用木制的花盆，与茶色的矾根及柠檬草搭配非常和谐。

DAHLIA
PLANTING

花材与资材

① 柳穿鱼…1盆　　⑤ 齿叶天竺葵…1盆

② 大丽花…1盆　　⑥ 矾根…1盆

③ 满天星…1盆　　⑦ 柠檬香茅…1盆

④ 千日红…1盆

需要准备的资材

木制花盆　　培养土

底部开好孔的木制花盆直径约25厘米、高约16.5厘米。木制花盆的特点是透气性好。

制作方法

1

在木制花盆中放入培养土，约占花盆容量的2/3，铺平。

2

柳穿鱼从盆中取出，种在木制花盆的右后方。

3

将大丽花种在中央。

4

满天星沿着花盆左侧边缘种下。

5

千日红种在满天星的前方。

6

齿叶天竺葵种在花盆右侧边缘，让枝条稍稍垂下。

7

矾根种在前方，让枝叶稍稍垂下。

8

柠檬香茅紧贴着种在矾根后方。在植株之间补充培养土，浇透水。

027

No.3

芍药花环

将四种大朵芍药组合在一起，做成一个华贵的花环。将深粉
与浅粉，有花纹及没有花纹的芍药品种组合在一起，充分利
用颜色及花纹的变化达到丰富的视觉效果。还可以使用大小
不同的花朵和花蕾来加强表现。用胡颓子的叶子打底，最后
再缠绕上适量的椰丝，打造出时髦的效果。用麻绳挂在门上，
来访的客人一定会十分惊喜。

要点

在制作花环时，使用相同色或同色系
的搭配能让作品的视觉效果更具整体
感。为了避免单调，可以挑选不同浓
淡和大小的花材。花茎留大约 8 厘米
长，经过保水处理后再使用。

花材与资材

① 胡颓子叶…1 枝

② 地中海荚蒾…1 枝

③～⑥ 芍药…10 枝

⑦ 椰丝…适量

需要准备的资材

底座使用的是直径 20
厘米的环形花泥。

麻绳

环形花泥

制作方法

1

在环形花泥上绑一根约 20 厘米的麻绳。

2

在水盆中放满水，将环形花泥浸泡 30 分
钟左右，使其充分吸水。

3

将花泥取出，将胡颓子叶均匀插在上面。

4

将地中海荚蒾插在胡颓子叶之间。

5

将花型最大的两朵芍药作为主花，插在
偏右下方的位置。

6

将大小次之的芍药插在上方的中央处。

7

将剩下的芍药按照从大至小的顺序插进
花泥，填满缝隙。

8

将芍药花蕾插在花泥下方中央处。

9

用手轻轻打散椰丝，缠绕在芍药下方，
注意整体的均衡性。

少女花冠与小型花束

是否记得在孩童时期，我们摘下草丛中的野花，满心欢喜地做成花冠和花束的情景？这个案例就是一款勾起童年回忆的设计。可以在孩子的生日或者其他值得纪念的日子做给他们，还可以在婚礼上使用，用处多多。此外，摆在家里也是很漂亮的装饰。在花冠和花束上使用同种花卉，就可以制作出成套的搭配。

花材与资材

花束中使用的花材

① 大丽花…3 枝　　④ 香豌豆…1 枝

② 羽扇豆…2 枝　　⑤ 矢车菊…5 枝

③ 屈曲花…5 枝　　⑥ 黑种草…3 枝

保水棉

花艺胶带

拉菲草　　　花艺铁丝

花冠中使用的花材

需要准备的资材

制作花冠的花艺铁丝选用30 号。保水棉吸满水，用于花材保水。

① 高雪轮（樱小町）…5 枝

② 翠雀…1 枝

③ 黑种草…5 枝

④ ⑤ 花毛茛（又名洋牡丹）…各 5 枝

⑥ 屈曲花…5 枝

⑦ 矢车菊…5 枝

制作方法

花冠

1

花朵做保水后，花茎剪至 3 厘米左右。将花艺铁丝插入茎内约 4 厘米。

2

将湿润的保水棉剪成细条，卷在花艺铁丝和花茎上，然后缠上花艺胶带，花艺铁丝保留 10 厘米左右，剪断。

3

用一根长花艺铁丝制作底座，从头到尾都用花艺胶带缠好。

4

用花艺胶带将步骤 3 做好的花艺铁丝与高雪轮缠在一起。

5

按照高雪轮、矢车菊、黑种草、2 种花毛茛、屈曲花、翠雀的顺序，用花艺胶带将花材缠在花艺铁丝上，注意整体的平衡。

6

按照上一步骤添加花材，直到合适的长度，最后将花艺铁丝没有添加花材的一端折成弯钩。

花束

1

将所有花茎剪成 25 厘米左右的长度，做保水处理。将主花材 3 枝大丽花的花茎以螺旋手法组合在一起。

2

按羽扇豆、矢车菊、黑种草、屈曲花、香豌豆的顺序继续添加花材，注意整体的效果。

3

花材添加完后用拉菲草捆扎，最后进行细微的调整。

完成

JUNE

6月

品味葱郁水润的绿色

6月，随着夏季的到来，绿意渐浓。在这个时节，有数不尽的水润绿意等着我们去品味。最不容错过的要数迷迭香、罗勒、洋甘菊这些常见香草组成的混合盆栽了。香草不仅非常好养，用途也很广，可以用于欣赏，还可以做成菜肴及茶饮。此外，溪荪及绣球等也是这个时节的代表花卉。溪荪总是精神抖擞，细心挑选后栽种的盆栽令人印象深刻；令人怜爱的绣球与松果菊搭配在一起能做成很好看的花束。

6月的花卉

4～6月最不容错过的植物是香草，这个季节也是最适合种植香草的时节。除了香草，溪荪的花期是5月，绣球则是6～7月。这几种花卉的混栽容易营造成熟的色调搭配。

No.1

7种香草组成的混栽

右图容器中栽种的是烹饪中经常使用的7种香料。主花是开着浅青色小花的玻璃苣，搭配迷迭香、白鼠尾草、柠檬马鞭草、牛至和洋甘菊，再点缀上色彩夺目的紫红色罗勒。花器选用的是略显粗犷的铁皮容器，整个作品透露着大胆的男性风格。

花材与资材

① 玻璃苣…1盆

一种香草，株高较高，会开出星形的蓝色花朵。花可以食用。

② 罗勒（黑蛋白石）…1盆

常见的品种一般是绿色的，这个案例中选择了紫色的品种。

③ 白鼠尾草…1盆

叶片细长，泛着轻微白色，有着独特的香气。

④ 迷迭香…1盆

有一定的抗菌效果，可以用于烹调肉类的香料。

⑤ 柠檬马鞭草…1盆

是一种有着清凉柠檬香的香草。叶子鲜亮嫩绿。

⑥ 牛至…1盆

在混栽时，散发出的辛辣香气可以为其他植物驱除害虫。

⑦ 洋甘菊…1盆

这是一种自古就作为药用的香草，也是香草茶中不可或缺的一种原料。

要点

由于每种花材都只有一盆，可以制作成左右不对称的形式。在右后方种上高度最高的玻璃苣，左后方种上较高的罗勒，左前方种上较矮的柠檬马鞭草，三者位置形成直角三角形。色彩搭配上要利用好颜色的渐变。

需要准备的资材

铁皮容器长32厘米、宽22厘米、高11厘米。最合适的是复古做旧风格的容器，如果没有，也可以用手边类似的代替。事先用钉子在底部打好孔。

培养土　　复古铁皮容器

盆底石

制作方法

1

在铁皮容器中放入约占整个容器 1/5 的盆底石。

2

放入培养土，至容器高度 2/3 左右，铺平。

3

将玻璃苣从花盆中取出，垂直种在铁皮容器的右后方。

4

紫红色的罗勒垂直种在铁皮容器的左后方。

5

白鼠尾草种在正中央。

6

迷迭香种在白鼠尾草前方，让茎叶稍稍下垂。

7

柠檬马鞭草种在左前方。

8

牛至沿着容器右侧边缘种好。

9

洋甘菊种在牛至后方。在植株之间补充培养土，浇透水。

完成

溪荪与玉簪的混栽

本案例将笔直朝上生长的溪荪、叶片圆润的玉簪，以及叶脉周围点缀着白色斑点的欧洲凤尾蕨这三种叶片形状很有特色的植物搭配在一起。溪荪高、欧洲凤尾蕨高度适中、玉簪较矮，三种植物高低错落，即使种类较少，效果也非常饱满。将这些具有东方风格的花卉混栽在古典法式滤器里，表现出"新东方"的风格。选择花材时要选择姿态分明的植株。

要点

作品在展现鲜花的同时，叶片的魅力也不容小觑。为了同时能看到三种植物的美，我们将最高的溪荪种在后方，凤尾蕨种在右侧，玉簪种在最前面。由于植物高度较高，选择花器时可以选用较大的型号，在其中放入足够的培养土，让植物的根茎能够充分伸展。日常养护时保持较高的浇水量，放置于半阴处，避免阳光直射。

花材与资材

① 溪荪…2 盆　② 玉簪…1 盆　③ 欧洲凤尾蕨…1 盆

复古滤器　培养土　干苔藓

需要准备的资材

选用的复古滤器直径 24 厘米、高 13 厘米。如果找不到复古风格的滤器，也可以使用手边有的形状相似的容器。

制作方法

1

在滤器中放入培养土，约占整体的 2/3，铺平。

2

将溪荪从盆中取出，垂直种在滤器后方。

3

将玉簪种在中央靠前的位置。

4

将欧洲凤尾蕨种在右侧靠前的位置。

5

在植株之间补充培养土，浇透水。最后将浸湿的干苔藓铺满土面。

绣球花束

提起 6 月盛开的花，就
不得不提到绣球。绣球
种类丰富、色彩繁多，
这个作品中我们选择了
花瓣为蓝紫色和粉紫色
的品种，搭配松果菊以
及独特的黄栌，营造出
蓬松的质感。

要点

使用有着独特花
芯的松果菊以
及羽毛质感的黄
栌，突出花材的
个性差异。绣球
在使用之前先摘
掉叶片。在绑拉
菲草时，不要绑
得太紧，以免伤
害到植物。

花材与资材

① 绣球…3 ~ 4 枝　　⑤ 柠檬桃金娘…1 枝

② 黄栌…1 枝　　　　⑥ 地中海荚蒾…3 枝

③ 松果菊…3 枝　　　⑦ 蜜花…3 枝

④ 补血草…1 枝　　　⑧ 玉簪…4 枝

需要准备的资材

花束制作完成后，放在玻璃瓶中进行装饰。玻璃瓶直径 11 厘米、高 16 厘米。

制作方法

1 将所有花材的花茎剪成约 25 厘米，做保水处理。将主花绣球以螺旋手法组合在一起。

2 添加黄栌，让黄栌分散到整个花束，注意整体的效果。

3 3 枝松果菊一起添加在偏右侧的位置。

4 补血草添加在后方偏左的位置。

5 柠檬桃金娘添加在中央偏下的位置。

6 地中海荚蒾添加在最右侧。

7 3 枝蜜花一起添加在左侧偏后的位置。

8 全部玉簪一起添加在前方偏左的位置。

9 整体微调，用浸湿的拉菲草捆绑，不要绑得太紧。

配色的技巧

让混栽和插花充满魅力的要素之一就是配色。
在这节中，将按照颜色来逐一介绍本人独家的配色秘诀。

Red
红
红色给人充满活力和生命力的印象。将花朵和果实一同使用，就能轻易做出个性十足的搭配。

❶ 鲜艳的红
鲜红色的果实即便是单独出现也足以引人注意，因此建议进行比较简约的搭配。

❷ 暗红
使用彩度较低的暗红色果实可以营造出灰色调的氛围，让人感到静谧而温暖。

Pink
粉
粉色给人幸福感和少女感。选择圆润的花形和温柔的曲线能进一步突出这种感觉。

❶ 鲜艳的粉
在作品的一部分加上鲜艳的粉色，能立刻制造出色彩的起伏，使配色富有女人味。

❷ 浅粉
如果将烟熏粉色作为主色调，就能够和复古风格的花器组成绝配。

Purple
紫
紫色一般被认为是代表秩序、寂静、高贵的颜色。将同色系的花卉搭配在一起，可以营造出成熟的氛围。

❶ 深紫
深紫色不需要多余的搭配，也能够很有存在感。如果想要选择其他植物来衬托深紫，可以选择同色系的粉色。

❷ 浅紫
同为紫色，浅紫则给人轻柔的感觉。图中雌蕊的黄色是紫色天然的对比色。

Yellow

黄

黄色是视觉认知度最高的颜色。注意不能在作品中加入过多黄色，使用时需要控制。

① **黄色与橙色**

黄色与橙色是近似色，在黄色中加入一点点橙色，可以让整体的印象更加华美。

② **黄色与白色**

黄色为主色，搭配白色，可以形成渐变，制造出清爽的氛围。

White

白

白色代表纯净，与所有颜色都很搭。只使用白色，不加别的颜色，也能制作出特别的效果。

① **大朵白花**

大朵的白色花卉尤其适合装点聚会或者特殊的日子。白色与绿色搭配能制造出成熟的效果。

② **白色与绿色**

在泛着淡绿的白色花朵周围搭配绿植，就会使白色的渐变更加漂亮。

Green

绿

绿色是宁静沉稳的色彩，能使人觉得安心放松。同时，绿色能够将其他颜色衬托得更出挑，是万能的配角色。

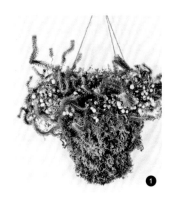

① **鲜绿色**

使用植物及干苔藓组成的鲜艳绿色，搭配中的白色果实是亮点。

② **灰绿色**

想要让作品展现出沉稳的效果，可以选择略显干枯的绿植营造灰绿色的色调。

Blue

蓝

蓝色具有理性感，有着镇静心神的效果，能营造清爽宁静的氛围。

① **浅蓝色**

用浅蓝色的花卉做成清爽风格的花环。搭配上黑色调的鲜花，让人眼前一亮。

② **渐变色调的蓝色**

在使用粉色花卉时，若想要让整体风格不过于甜腻，可以加入渐变的蓝色，增加清爽的氛围。

鲜活 FRESH

植物在耀眼的阳光下充分生长，

茎叶延展，盛开出大朵鲜花……

绿色的叶片色泽渐渐浓郁。

这样一种明亮爽朗的画面，

让人心旷神怡。

这是一个草木生长的季节，

可以欣赏到鲜明的色彩之美。

不仅是花卉，绿植的品种也多种多样。

让我们一起来欣赏这个时期独有的花花草草吧。

JULY

7
月

体验形状独特的植物

随着阳光日渐火辣，比起颜色鲜艳的花朵，人们更加喜欢能带来凉意的绿植。因此在 7 月的这个章节中，将要介绍一些形状奇特的绿植。有着圆滚滚叶片、形状就像花朵一般的多肉植物，恣意生长的欧石南属植物以及红莓苔子，还有令人惊讶的圆形爱尔兰珍珠草。不论是哪一种，混栽时的操作都很简单，然后再结合植物的特性选择简约的花器。完成的混栽作品可以摆在喜欢的角落慢慢欣赏。

7 月的花卉

多肉植物一直以来都深受大家的喜爱。园艺商店里出售的多肉种类也越来越多，大多是生长在沙漠或海岸等气候干燥地区的品种，为了保存水分，它们的茎叶内部有着大量能够储存水分的肉质组织，外形肉嘟嘟的，非常惹人喜爱。在众多多肉品种之中，我们选择了常见的 7 种进行混栽。

No.1

多肉植物的混栽

这组混栽中，用小石粒代替培养土，将多肉种在带底座的白色果盘中，制造出清爽的效果。其中最主要的品种是形状像玫瑰一样的石莲花（蓝色褶边）。就算相同品种的石莲花，每一株的颜色和形状也不太一样，要仔细观察后进行选择。点缀的配角选用了高度较高，开橘黄色小花的石莲花（皮氏石莲），为整体增添一抹华贵气息。

花材与资材

① 石莲花（皮氏石莲）…1 盆
拟石莲花属。从花瓣状的叶子上会开出漂亮的花朵。

② 黛比…1 盆
风车石莲属。扁平的叶子带有红色，叶部顶端尖锐上翘。

③ 石莲花（蓝色褶边）…1 盆
拟石莲花属。波浪状的叶子像褶边一样美丽地堆叠起来，很有魅力。

④ 石莲花（蓝公主）…1 盆
拟石莲花属。有着美丽的花朵形状，叶子略微透露着红色。

⑤ 石莲花…1 盆
拟石莲花属。特点是有许多小而厚的叶子。

⑥ 岩莲华…1 盆
瓦松属。特点是有许多小叶片。

⑦ 乙姬…1 盆
景天科。能开出数量众多的小花，这在多肉植物中非常少见。

要点

如果想在室内欣赏多肉盆栽，推荐用小石粒替代培养土。首先将根部防腐剂撒在白色果盘中，再铺上小石粒。制作完成后要放置在通风，有一定光照条件的位置。春秋季在石粒发干时浇水，夏冬季则要少浇水。

需要准备的资材
果盘直径36厘米、高 12.5 厘米。如果没有带底座的果盘，也可以使用普通的盘子。根部防腐剂可以在园艺商店买到。

制作方法

1

将约 100 克根部防腐剂放在果盘中央，用手指铺平。

2

在根部防腐剂上倒上约 200 克小石粒，用手指铺平。

3

将皮氏石莲从盆中取出，垂直种在果盘中央偏后一点的位置。

4

将黛比种在果盘的正中央。

5

将蓝色褶边种在果盘左前方，蓝公主种在左侧靠后的位置。

6

石莲花种在右后方。

7

岩莲华种在蓝色褶边与蓝公主之间。

8

乙姬种在右前方。

9

在花苗之间添加小石粒，浇水。

完成

红莓苔子与
欧石南属植物的吊篮

红莓苔子有着圆滚滚的可
爱果实，欧石南属植物长
着一身针形叶片。这组混
栽表现的不是花朵，而是
果实与叶片的色彩层次。
让最终效果更自然的诀窍
在于在铁丝网篮表面铺满
干苔藓，将花艺铁丝全部
遮盖起来。到了秋天，浅
绿色的小果子会变成红
色，整个作品会变化出全
新的效果。

HANGING

花材与资材

① 欧石南属植物（目前无中文命名，
拉丁名为 *Erica Sessiliflora*）…5 盆

② 红莓苔子…5 盆

需要准备的资材

铁丝网篮上部左右宽约 27 厘米，前后
宽约 23 厘米、高约 27 厘米，开口处
捆绑麻绳用于悬挂。干苔藓在使用前需
用水浸湿。

制作方法

1

将干苔藓浸湿后分成小块，从铁丝网篮
内侧开始一点点覆盖，直到将整个篮子
覆盖起来。

2

在铁丝网篮中放入盆底石，高度约占篮
子的 1/2。

3

放入培养土，至篮子高度的 2/3，铺平。

4

将欧石南属植物从盆中取出，沿着篮子
的边缘种好。

5

将红莓苔子种在欧石南属植物之间，注
意整体的视觉平衡感。在植株之间补充
培养土，浇透水。

花材与资材

No.3

爱尔兰珍珠草

这个案例我们将植物从白色塑料盆中移栽到木制花盆中。将爱尔兰珍珠草与自然生长在南非的蜜花一起摆放出和谐的效果。想要最大限度地强调植物特有的形状，可以选择简约风格的花器，这样就能让植物与容器相得益彰。

篮子　　　　木制花盆

需要准备的资材

① 爱尔兰珍珠草…3盆

选用的木制花盆直径23厘米、高25厘米。可以配上托盘，显得更加统一。如果要将花盆放进篮子里，要记得先把托盘放进去。

要点

爱尔兰珍珠草虽然看起来像苔藓，但实际上是石竹科植物。如果想要让它一直保持图中这样漂亮的形态，就要经常进行修剪。此外，每隔几日要放到朝阳的地方晒晒太阳。这是让它们保持圆润形状的秘诀。

专栏

可以衬托爱尔兰珍珠草的室内装饰品

与爱尔兰珍珠草十分相配的装饰品之一是在巴黎也很有人气的太阳形状的镜子。以前，我曾在一家名为 henriette 的小酒店住宿，酒店房间中的装饰品都很有特色，受其影响，我也开始收集类似的物品了。

除了太阳形的镜子之外，还有一些现代风格的装饰品也可以用来搭配爱尔兰珍珠草。比如，外国海报等黑白色系的物品可以衬托出爱尔兰珍珠草圆润的形状和鲜亮的色彩。

8月

使用特殊材质的容器进行混栽

8月，气温升高，日照变强，人们希望足不出户就能欣赏到鲜花和绿植。那么，就让我们来尝试用特殊的容器制作适合放在室内的混栽。塑料收纳箱、铁皮杯、玻璃瓶，用这些容器制作的作品更能彰显创意。收纳箱配上女性感十足的鲜花，平平无奇的铁杯搭配形状独特的绿植，简单的透明玻璃瓶则适合清凉感的植物。不论哪一款都是充满趣味的设计。

8月的花卉

大丽花从春天开始就出现在花店里了，但它们真正的花期是在夏天到初秋。将箱子作为花器时，选用大朵的大丽花作为主花。使用杯子作为花器时，搭配尖端形状像卷毛一样的钢丝弹簧草和花笠空木。玻璃瓶则搭配给人清凉感的花烛和耳蕨。

No.1

白色塑料容器的混栽

这款混栽将茶红色定为主色调，给人夏日沙漠的干燥印象。主花是红色与白色相间的大丽花，搭配肉粉色的毛地黄和蓍草，以及颜色深沉的草原松果菊和矛豆。把这些植物栽进简约风格的白色塑料箱中，反而更能彰显个性。

花材与资材

① 毛地黄（达尔马提亚桃）…3 盆
桃粉色的毛地黄有很强的装饰性。

② 大丽花（群金鱼）…1 盆
红白相间的品种，颜色的对比十分漂亮。

③ 蓍草…1 盆
在伸展开的茎的前端会开出密集的小花。

④ 草原松果菊…3 盆
花的外形就像墨西哥人的帽子。

⑤ 红花球葵…1 盆
纤细的茎的前端会开出小花。

⑥ 矛豆（黑色门尼）…2 盆
本案例中选择了有着独特暗色色调的品种。

⑦ 铜叶车前草…1 盆
本案例中选择了深紫色的品种。

要点

为了制造出丰富的高低层次，因此选择了共计 7 种高矮不同的植物，并将大花朵的主花放在最前面。如果其中的一些不好找，可以使用颜色相近的同属植物。比如，如果找不到紫色的铜叶车前草，可以使用绿色的车前草代替。

需要准备的资材

白色塑料收纳箱长 46 厘米、宽 33 厘米、高 30 厘米。可以在家居卖场买到。在混栽前，需要先在箱底开一些排水孔。

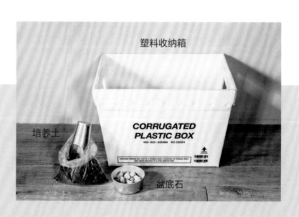

制作方法

1

在收纳箱中放入盆底石，高度占箱高的1/3。

2

将培养土放进收纳箱，高度至箱高的七成左右，铺平。

3

将毛地黄从盆中取出，垂直种在收纳箱左后方。

4

用相同的方法将其余的毛地黄也种在左侧。

5

将大丽花垂直种在右前方的位置。

6

将蓍草种在毛地黄的前面。

7

将草原松果菊种在大丽花和蓍草的中间。

8

将红花球葵种在中央靠后的位置，矛豆种在左后方。

9

铜叶车前草种在中央靠前的位置，在植株之间加培养土，浇透水。

完成

No.2

铁皮杯与小型植物

略显单调的铁皮杯只要在里面种上一株小苗，就立马焕发出生机，也可以用印着英文的胶带做装饰。简约的容器很适合搭配外形不太复杂的植物品种。

花材与资材

① 花笠空木…1盆　② 钢丝弹簧草…1盆

需要准备的资材

铁皮杯直径 10 厘米、高 14 厘米。如果手边没有合适的胶带做装饰，也可以略去。

培养土

铁皮杯

盆底石

制作方法

1

在底部打有排水孔的铁皮杯中放入约 1/5 的盆底石。

2

放入培养土，高度至杯子的6成左右。

3

将钢丝弹簧草从花盆中取出，种在杯中，添加培养土，浇透水。移栽花笠空木的步骤与上述相同。

No.3

花烛的玻璃瓶微景观

玻璃瓶配上绿植，透过玻璃的绿色，沁人心脾，在酷热天气中给人带来一丝凉意。这个设计的主角是有着心形花瓣的花烛，搭配生命力顽强的耳蕨和文竹。关键是要选择适合封闭容器栽培的植物品种。

要点

玻璃瓶微景观是将植物放在玻璃容器中栽培，在园艺爱好者中有着超高的人气。建议大家使用开口较大的容器，更方便操作。种植时使用陶粒砂代替培养土。土面可以模拟自然环境中起伏不定的丘陵，故意做成不平整的样子。为了防止干燥，最好铺上一层苔藓。

花材与资材

① 花烛…1盆　③ 文竹…1盆

② 耳蕨…1盆

需要准备的资材

玻璃瓶直径 30 厘米、高 45 厘米。干苔藓在使用前要浸湿。

玻璃瓶

根部防腐剂

陶粒砂　　　干苔藓

制作方法

1

在玻璃瓶中放入约 1 厘米厚的根部防腐剂，再在上面放入陶粒砂，至瓶高的 1/10。

2

将花烛从盆中取出，抖掉根系上的泥土，注意不要伤到根。将其垂直种在玻璃瓶的中央。

3

将耳蕨种在左侧，文竹种在右侧。最后将浸湿的干苔藓铺在土表。

SEPTEMBER

9
月

花色渐浓昭示季节更替

9月，暑气逐渐退去，植物的颜色也开始变化，人们感受到季节的更替。在对夏季依依不舍的同时，又因秋季的香气而喜悦。在这一节，我们使用颜色较深的花与绿植来表现这个时节，使用的植物包括夏秋季绽放的百日菊、多花素馨，以及养护简单、花期长的天竺葵等。在花器的选择方面，将陶质花器和铁丝筐组合使用，还使用了木质的船形容器，用木珠做支撑绳的吊篮，每一种都十分有新意。

9月的花卉

9月有不少花期较长的植物。下面用到的百日菊花期为 5 ~ 10 月，天竺葵为 3 ~ 12 月，多花素馨则是从春季一直开到秋季。在众多植物中，主要使用粉色系的品种，搭配出具有成熟感的作品。

No.1

优雅的小盆百日菊

这组混栽使用金丝桃、狼尾蕨、黍、粉红胡椒将有着夺目红色花瓣的百日菊包围在中间。花器方面，将暗色系的陶质花器和铁丝筐组合在一起使用，更加突显成熟的风格。

花材与资材

① 粉红胡椒…4 枝

是一种胡椒，有很强的装饰效果。

② 金丝桃…3 枝

有着红色果实，是花艺设计中常用的花材，但这个案例中只使用叶片部分。

③ 百日菊…8 枝

因为花期时间长，又名"百日草"。

④ 狼尾蕨…8 枝

一种蕨类植物，有着像蕾丝一样纤细的叶片。

⑤ 黍（巧克力）…8 枝

有着细长的穗尖和独特的蓬松感。

要点

要根据花器高矮来剪取花茎的长度。本案例中，金丝桃较短，约 15 厘米；粉红胡椒较长，约 30 厘米；作品的主花百日菊长度则在 25 ~ 30 厘米之间。插花时，将植物的茎交叉插入，整体就能表现出蓬松的效果。

需要准备的资材

选用直径 15 厘米，高 13 厘米的陶罐，搭配比陶罐大一圈的铁丝筐。如果没有合适的铁丝筐，也可以只用陶罐来制作。

铁丝筐

陶质花器

制作方法

1

在陶质花器中放入 8 成左右的水，再把陶质花器放在铁丝筐中。

2

将粉红胡椒沿着对角线的方向，从前后左右四个方向插好。

3

金丝桃插在粉红胡椒之间。

4

将金丝桃分别插在前方偏左、中央及偏右的位置。

5

一边注意整体的效果，一边均匀插入百日菊。

6

狼尾蕨插在中央靠前、左边边缘及后方。

7

将狼尾蕨稍加调整，做出蓬松的造型。

8

在最后方插入黍。整体微调。

完成

No.2

木质船形容器的混栽

在漂流木制成的船形容器中种上暗色调的植物，打造出秋日原野的意象。再点缀几朵花，让整体看起来不过于冷清。充分利用矛豆和多花素馨柔软的特性，将它们布置成流水一般的造型。

要点

在给玻璃纸打孔时，尽量打得小一些。选择灰绿色系的绿植，能让整体变得更有韵味。

花材与资材

① 矛豆（棉花糖）…2盆　　③ 帚石南…2盆　　⑤ 多花素馨…1盆

② 薹草…1盆　　　　　　　④ 朝雾草…1盆

培养土

盆底石　　玻璃纸

干苔藓　　船形容器

需要准备的资材

船形容器长约60厘米、宽约23厘米、
高约12厘米。如果找不到船形的容
器，也可以用椭圆形的代替。

制作方法

1 在容器底部铺上玻璃纸，将玻璃纸的四
个角向内折。用较细的尖锐物体在玻璃
纸上戳若干个排水孔。

2 放入盆底石，高度约占容器的1/5。

3 放入培养土，高度约占容器的2/3。

4 将矛豆从盆中取出，分别种在左右两侧，
注意要让茎叶向下垂落。

5 在中央靠后的位置种上薹草。

6 将帚石南种在薹草前方。

7 朝雾草种在中央靠前的位置。

8 多花素馨种在右侧稍微靠后一点的位置。

9 用浸湿的干苔藓遮住露在外面的玻璃纸。

木珠吊篮

圆滚滚的木珠让吊篮更富有设计性，也让作品在华美中透露出一丝可爱。整个作品只选用了两种花材：颜色鲜亮的天竺葵和颜色较暗的吊竹梅。二者虽然同属红色系，但明暗形成鲜明的对比。吊竹梅花茎柔软，最适合用于吊篮。简约的造型加上一点小创意，就能够很好地提升空间的品位。

花材与资材

① 天竺葵…1盆　　② 吊竹梅…1盆

需要准备的资材

可以使用市面上卖的普通脸盆，脸盆直径25厘米、高15厘米。分别在底部及盆沿处打孔。木珠子可以在园艺商店买到。

制作方法

将160厘米长的绳A对折，将同样长160厘米的绳B穿过绳A，三段绳子都串上小号木珠。

将脸盆放在三段绳子形成的中心处，并将三段绳子分别穿过盆沿上打的三个孔。

串珠子。小号珠子和中号珠子可以按自己的意愿随意搭配。

串到约60厘米时，将三段绳子交汇在一起，一同串进大号木珠。将绳子打结，做出一个圆环方便悬挂。

在盆中放入盆底石，高约整体的1/5。

放入培养土，约占盆高的2/3，铺平。

将天竺葵从盆中取出，种在盆的右侧。

在左侧种上吊竹梅，注意要让茎叶下垂。

在花苗间添加培养土，浇透水。

" FAVORITE VASE & PLANTER "
精美花器

混栽和插花时需要使用花器，如果在花器与植物的搭配上多下一些工夫，
植物的美与乐趣也会变得更加多样。下面将介绍我珍藏的花器。

花钵
法式风格的花钵，可以让混栽
和插花更有华美气质。
直径 31 厘米、高 24 厘米。

带把手的玻璃容器
手工制作的容器，每一个都有
着各自独特的韵味。玻璃容器
能将植物的茎干衬托得更加美
丽。

直径 11.5 厘米、高 18.5 厘米。

铁丝网篮
锈迹斑斑的花艺铁丝网篮最
适合作为自然风、复古风混
栽的容器，可以打造出满满
的野趣。
长约 56 厘米、宽 33 厘米、
高 22 厘米。

翻盖箱（盒）
翻盖箱（盒）也是完美的花器。可
以用丙烯等颜料在上面画上英文字
母作为装饰。
长 32 厘米、宽 25 厘米、高 23 厘米。

玻璃杯
金色的杯口是这套小杯子的特
色。可以将它们整齐地摆成一
排、也可以错落有致地摆放。
直径 3 厘米，高 4.5 厘米。

高脚杯
这支复古高脚杯给人柔和的
感觉。可以插制高度是杯高
2 倍的植物。

直径 10 厘米、高 11.5 厘米。

玻璃杯
在这个有一定厚度的玻璃杯里随
意地插上一枝小小的绿植，就可
以用来装点一方小小的空间。
直径 8.5 厘米、高 12.5 厘米。

蛋糕模子
这是一个陶瓷的蛋糕模子。适合与绣
球等花型蓬松的植物进行搭配。
长 20 厘米、宽 15.5 厘米、高 8.5 厘米。

托盘
如果想让一组作品整齐地陈列出来，可
以使用托盘。摆放时要充分营造高低差。
长 38 厘米、宽 21 厘米、高 6 厘米。

盘子

进行球根植物混栽时，盘子是非常好用的容器。
可以根据球根植物开花后的大小挑选盘子。
大号 / 长 32 厘米、宽 22 厘米、高 5 厘米。
小号 / 长 22 厘米、宽 14 厘米、高 4 厘米。

木制花盆

敦实的木制花盆可以只种植
一种植物，也可以用于华丽
的混栽。
直径 25 厘米、高 16.5 厘米。

镀锡铁皮箱

铁皮箱与一些优雅的花花草草很搭。比起崭
新的铁皮箱，稍微带些锈迹的旧箱子更合适。
长 32 厘米、宽 22 厘米、高 11 厘米。

药瓶

复古风格的药瓶可以用来插单
枝花。可以根据药瓶上的标签，
选择匹配的花卉。
直径 6.5 厘米、高 12 厘米。

滤器

这是原本用于厨房给蔬菜滤水的容
器，底部本来就开着孔，使用起来十
分方便，形状也很可爱。
直径 24 厘米、高 13 厘米。

陶壶

陶制的水壶也可以成为简约
自然的花器。还可以沿着注
水口插花。
直径 9 厘米、高 10 厘米。

铁罩子

原本用在温室里的罩子也可以
作为混栽的容器。还可以用其
他小物品对其进行装饰。
直径 55 厘米、高 27 厘米。

果酱瓶

果酱瓶也可以做花器。从小朵的
野花到大朵的大丽花，全都能与
它搭配。
左 / 直径 9.5 厘米、高 9.5 厘米。
右 / 直径 9 厘米、高 8 厘米。

木质菜板

想要在餐桌上摆上一组鲜花时可以使
用。用可食用花卉是十分时髦的创意。

长 44 厘米、宽 28 厘米、高 2 厘米。

烟熏 SMOKY

从秋季到初冬，

浓郁的绿色渐渐染上赤红或金黄，

花朵开始凋零，

枝条上挂起了累累硕果。

颜色鲜艳的花朵没有之前那么丰富了，

色彩沉稳的品种则多了起来。

我们可以使用红色的鲜花与果实进行搭配，

表现丰饶温暖的意象。

也可以用白色的花朵与绿植组合，

营造飒爽的氛围。

这是两种最适合这个季节的花卉搭配。

一起享受这个花、叶与果实竞相媲美的季节吧！

OCTOBER
10 月

享受花朵、球根以及果实的美

10月，开始享受秋季花卉、球根植物、果实的美。在混栽中，可以将鲜艳的花朵与细叶芒等叶片细长的植物搭配，重现自然界中的景色，让作品充满自然的秋意。球根植物在秋天种下，第二年春天就会开花，充满期待的等待过程中，也不用花费过多的精力去照料。球根植物的花期最早是在2月，能让人提前感受春天的气息。另外，秋天作为收获的季节，还可以使用果实来装饰自己的小家。

10 月的花卉

说起秋季的鲜花，最有代表性的莫过于波斯菊和桂花了，除了这两者，还有三色堇、报春花、仙客来等，都是在10月左右开花，是初秋的象征。很多球根植物也需要在这个月进行栽种，可以看着它们发芽、生长、开花，让每一天都充满期待。

No.1

西番莲混栽

在这组混栽中，将红色、粉色的可爱花朵与紫红色、银灰色的叶子搭配，组成秋意盎然的作品。让细长的叶片从鲜花的间隙中伸展出来，使作品显得更加自然。再将藤本植物缠绕在支架上，增添立体感。

花材与资材

① 西番莲（维多利亚）…4 盆

西番莲是一种藤本植物，开出的花朵像表盘一样整齐有趣。

② 贝利氏相思树…1 盆

贝利氏相思树有着银灰色的叶片，在初春时节会开出黄色的花。

③ 金鱼草…2 盆

金鱼草的特征是花的形状与金鱼相似，胖乎乎的很可爱。

④ 龙面花…2 盆

龙面花的花期长，开花量也大，十分适合观赏。

⑤ 绒毛饰球花…2 盆

绒毛饰球花的叶片细长，在圣诞节前后会结出果实。

⑥ 矾根…1 盆

本案例选择的矾根有着直径 3 ~ 10 厘米的紫红色叶片，很多人都喜欢用它作为混栽的花材。

⑦ 黑叶尤加利…1 盆

这种尤加利的叶子在夏季是绿色的，到了秋冬季节会渐渐泛出黑色。

⑧ 细叶芒…2 盆

这种细叶芒有着约 5 毫米宽的细长叶片。

要点

像西番莲这样的藤本植物，可以种下后就缠绕在支架上，这样就不会给后续的工序造成麻烦。随着藤条生长，新长出的部分顺着支架攀爬。此外，像细芒草及黑叶尤加利这类植株较高且叶片细长的植物，在混栽时要格外注意整体的效果，才能让作品具有统一感。

需要准备的资材

使用的支架可以自己动手制作，将细木棍涂上黑色油漆，再用花艺铁丝捆绑成喜欢的造型。此外，如果花盆较大，可以选择重量较轻的盆底石，减轻后续的负担。

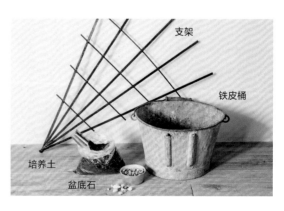

支架

铁皮桶

培养土

盆底石

制作方法

1

在铁皮桶底开若干个排水孔。放入盆底石，高度约占桶的 1/5。

2

放入培养土，高度至桶的 2/3。

3

将支架插在桶的后方。

4

将西番莲均匀地种在桶中央至后方的位置。

5

将西番莲的藤枝缠绕在支架上。

6

将贝利氏相思树种在盆的右侧。

7

将金鱼草种在左侧。

8

将龙面花种在中央靠前的位置。

9

将绒毛饰球花种在龙面花的右后侧。

10

将矾根种在龙面花左侧。

11

将黑叶尤加利种在金鱼草和绒毛饰球花之间。

12

将细叶芒种在金鱼草及龙面花的后方。

初秋的球根植物

在秋天种下雪花莲、水仙、风信子这些球根植物，冬天就能看到它们茎叶伸展的样子，到了初春，则能看到它们绽放出可爱的花朵。栽种时只要用上根部防腐剂和多孔的园艺土，就可以选择像是蛋糕模具、盘子一类的不能打排水孔的瓷器。最后在土面上铺上苔藓，整体会显得更加自然。

要点

选择球根植物时，要挑选球形饱满且没有斑点、损坏的。浇水的频率保持在 2～3 天浇一次，让植物保持一定程度的干燥。等到开花之后，可以多浇一些水。

花材与资材

① 风信子球根

② 雪花莲球根

③ 水仙球根

需要准备的资材

雪花莲使用较浅的容器，风信子较大，可以选择比较深的花器。

制作方法

1

在容器中放入根部防腐剂，约占容器的1/10。

2

放入园艺用土，至容器的一半高。

3

将球根放在土上。

4

在球根间放上园艺用土，高度至容器的9成左右。

5

将干苔藓浸湿，用手轻轻展开，铺在土面上。

6

在球根周围也铺满苔藓，注意苔藓不要将球根的芽遮住。

秋天时种下的风信子（左图）和藏红花（右图）的球根，到了春天就会开出美丽的花朵。等到花期结束，可以将球根挖出来储藏，秋天再次种下，第二年还能再次开花。

用南瓜打造灰色调室内装饰

想要营造秋季的丰收感，或是装点万圣节等节日的时候，可以选择平时作为食材的南瓜作为装饰元素。橘色的南瓜颜色过于鲜艳，作为室内装饰很有可能与整体风格不搭，可以选择白色或黑色的南瓜。与之搭配的饰品也可以选择白色或者灰色调的，使搭配具有优雅的感觉。先安置最大的饰品，就能更容易把控整体的平衡。

花材与资材

星形摆件

铃铛挂饰

复古铁罐

① 白色南瓜

②、③ 玩具南瓜

需要准备的资材

也可以选择字母形状的饰品代替星
形摆件,挂饰也可以用耐干旱的还
魂植物(resurrection plant)。

要点

只要掌握好最大的饰品与南瓜
之间的平衡,整体就容易均衡。
其他饰品的大小可以相对统
一,并且对称地进行摆放,能
让整个搭配显得井然有序。

NOVEMBER
11
月

欣赏花与果实的"色彩"

　　红色的花与果实能让人感受到浓浓秋意。可以将同色系的多种植物搭配在一起，演绎出美丽的渐变效果。此外，白色的花朵在秋天比较少见，在秋季的混栽和插花时使用白色花朵，单纯的颜色可以最大限度地呈现花朵本身的美，在秋天这样鲜花较少的时节，是非常引人注目的配色方式。但如果只有一种白色花朵，未免会有些单调，可以在不影响花朵美感的基础上，添加一些细叶植物，或是搭配一点同色系的果实，就能制作出既层次丰富，又有均衡感的作品。

11 月的花卉

　　11 月开花的植物较少，首先让人想到的是仙客来。仙客来生命力强，好养，花色与花型也多种多样，是必不可少的盆栽植物。此外，这是果实成熟的季节。我们可以收集可爱的果实，将它们做成花环，展现出秋天的意境。

No.1

仙客来花篮

仙客来雪白的花朵惹人怜爱。为了打造出华丽明亮的效果，不使用其他花卉，让仙客来成为万众瞩目的焦点。只搭配了有着黑紫色叶子的黑麦冬。从仙客来心形叶片中伸展出来的黑麦冬，给作品增添了一抹锐气，使作品具有时髦感。

花材与资材

① 黑麦冬（姬黑龙）…2 盆
黑麦冬有着细长的黑紫色叶子，极受混栽爱好者的青睐。

② 仙客来…3 盆
仙客来的花期是 10 月至来年 4 月。花色有白色、红色、紫色等。

要点

像黑麦冬这样叶片细长的植物，在栽种时不能让它们直挺挺地向上，而是要沿着篮子的边缘稍稍倾斜着种植，这样能使整个混栽的形状更圆润，整体感觉更自然。

需要准备的资材

为了不让水和土从篮子里漏出来，要在篮子底部铺上玻璃纸。在给玻璃纸打孔时，尽量让孔的间距和大小一致，多打一些孔可以增加透气性。

制作方法

1

比着篮子的大小，剪下一块比篮子稍大一圈的玻璃纸。

2

在玻璃纸的中央，用剪刀等工具戳出5～8个排水孔，将玻璃纸铺在篮子里。

3

在篮子里放入盆底石，约占篮子的1/5。

4

剪掉多余的玻璃纸。

5

放入培养土，至篮子高度的2/3。

6

将仙客来种好。

7

沿着篮子的边缘种下黑麦冬，让其朝向外侧。

8

添加培养土。

完成

秋日果实——山楂瓶插

红宝石山楂在 5 月开白色小花，秋天则结出漂亮的红色果实。我们一般将它种在花盆或院子里，结出累累果实后，就可以折下一枝，装饰在花瓶里。还可以在花瓶前方放上一枚石榴，与红宝石山楂形成色彩上的呼应，让整体构图更饱满和均衡。

ARRANGE
FLOWERS

花材与资材

复古玻璃瓶

木制托盘

根部防腐剂

① 红宝石山楂…1盆

② 石榴…2个

③ 小南瓜…7个

④ 山楂串…2~3串

需要准备的资材

使用托盘可以增加作品的艺术感。如果没有托盘，也可以铺上垫布，也会起到统一整体的作用。

要点

这组搭配使用了红色的山楂和石榴，绿色的南瓜和山楂叶。用红与绿的对比展现秋天的意象。为了凸显颜色的鲜艳，在使用根部防腐剂时，可以预先水洗一下，这样能让瓶中的水保持清澈。

制作方法

1

准备好不锈钢盆及筛网，将根部防腐剂放进筛网。

2

将根部防腐剂进行轻微的水洗。

3

将洗好的根部防腐剂放入玻璃瓶，高度在瓶高的 1/5 左右，并且形成一个坡面。放入水，占瓶子容量的 8 成。

4

用水洗掉山楂苗根部的土，注意不要伤到根系。

5

将红宝石山楂插在玻璃瓶中。再将石榴、南瓜及山楂串摆放好。

完成

红花与红果的花环

这个花环设计使用了菝葜、野玫瑰的红色果实和石斑木的黑色果实，再加上可爱的星形花朵的朱萼梅。用暖色调的渐变配色，充分演绎秋日的意象。做好的花环可以用麻绳挂在天花板上，也可以直接放在桌上做装饰，还可以挂在门上、墙上。即使朱萼梅干枯，只剩下果实的花环也很漂亮。

花材与资材

要点

植物失去水分之后，体积会缩小为原来的一半，所以在绑花艺铁丝时，要尽量绑得紧一些。

① 菝葜…5 枝 ③ 野玫瑰…3 枝

② 石斑木…15 枝 ④ 朱萼梅…3 枝

麻绳

花艺铁丝

需要准备的资材

花艺铁丝的颜色尽量不要太显眼，这里选择了绿色的。麻绳用于悬挂花环，根据悬挂的位置调整长度。

制作方法

1 将菝葜的枝条弯曲形成圆环，用花艺铁丝在 4 个位置进行固定。

2 剪下较长的两段麻绳，分别绑在花环的四等分点的位置，用于悬挂。

3 将石斑木插在菝葜枝条的中间。

4 将野玫瑰也插在菝葜枝条的中间。

5 插上朱萼梅，注意整体的效果。

完成

DECEMBER
12
月

欣赏白色花卉如雪的美

在有着很多节日和庆祝活动的 12 月，我们用白色花朵来展现冬季的美。纯白的花朵让人联想到白雪，有着浓浓的冬意。用来衬托白色花朵的是形状各异的绿植，细碎的、长条的、圆润的，只要精心挑选不同形状、不同风格的植物进行搭配，就能制作出精致的作品。此外，就算是同样的绿色，也分灰绿、黄绿等，有着不同的个性。

12 月的花卉

我们用白色花朵来点缀凛冬。作为主花的白色大丽花，开着星星点点小白花的通奶草，还有白色的大星芹、白花苋等都是冬季常见的白色花卉。

No.1

冬日餐桌花

这是一个适用于庆祝节日或招待客人的餐桌花设计。以白色大丽花为主花，白绿色配色，打造出成熟爽朗的造型。做法其实很简单，只要将几组小型植栽和插花组合在一起就可以了。在布置时要注意整体的协调性。

花材与资材

① 尤加利（多花桉）…5～6 枝
多花桉圆形的叶片泛着优雅的灰绿色。

② 莱兰柏…5～6 枝
莱兰柏有时也用于城市绿化，是有着青绿色树叶的常绿针叶植物。

③ 尤加利（四棱果桉）…5～6 枝
这个品种的尤加利有着白绿色的叶子与枝条，也可以做成干花。

④ 大星芹…5～6 枝
大星芹开出的小花会聚成半球形，单朵小花的形状像星星一样。

⑤ 白花苋…5～6 枝
白花苋有着蓬松的白色花穗，感觉温润柔和。

⑥ 石斑木…5～6 枝
石斑木花谢后会结出黑紫色的圆形果实。

⑦ 大丽花…5 枝
大丽花是菊科的球根植物，是一种十分华丽且惹人注目的花。

⑧ 葡萄风信子…6 枝
春天葡萄风信子会开出蓝色、紫色、白色的花朵。

⑨ 文竹…5 枝
文竹姿态轻盈，蓬松柔软的外观可以让整个作品更加饱满。

需要准备的资材

加入几支与主花同色的蜡烛，能让设计更有气氛。不用的瓶盖可以作为花器使用。

可以根据需要装饰的具体空间增加或者减少混栽和插花的数量。摆放时不要沿着笔直的直线，而是要摆出波浪形的线条。最后要从不同的角度确认整体的均衡性。

制作方法

1 在瓶盖中放上一层薄薄的根部防腐剂，将葡萄风信子放在上面。

2 将干苔藓浸湿后包裹住葡萄风信子的球根。用同样的步骤做出6组葡萄风信子备用。

3 在瓶盖中放上一块花泥，将尤加利（多花桉）横向插进花泥。

4 插入莱兰柏。

5 从侧面横向插入尤加利（四棱果桉）的枝。

6 插入大星芹。

7 将白花苋斜着插进花泥。

8 将石斑木斜着插进花泥。

9 最后将最主要的大丽花插好。

10 在桌子上摆放好蜡烛和葡萄风信子。

11 加入大丽花的插花，最后插上文竹统一一整个作品。

完成

银边翠混栽

这个设计将有着小花一般白色叶片的通奶草作为主角，搭配叶形不同的球莎。整个作品充满原野气息的秘诀是用网状钢丝充当花器。只要在上面铺满苔藓，网状钢丝也可以成为花器，还能营造出自然、低调、粗犷的气质。

需要准备的资材

"SONG"（歌曲、歌声）四个字母先用打印机打印在白纸上，将打印好的纸粘贴在塑料薄片上，再沿着字母形状剪下来。最后将剪下来的塑料字母粘贴在一次性筷子顶端。网状钢丝也可以用其他铁丝网代替。

花材与资材

① 通奶草…6盆

② 球莎（水晶玻璃）…4盆

制作方法

1

将网状钢丝的四个角折起，做成一个盒子的形状。

2

在底部以及折起来的部分铺上苔藓。

3

放入培养土。

4

将球莎种在前方的两个角及后方中央的位置。

5

将通奶草种在球莎之间。

6

在土表上铺上苔藓。

7

将"SONG"四个字母插好。

要点

可以根据不同需要改变字母的搭配，将它们作为活动寄语来烘托气氛。例如，"THANK YOU（谢谢）""HAPPY NEW YEAR（新年快乐）"等。

完成

WINTER
WREATH

冬日的绿色花环

制作花环的关键点在于要事先确定好风格、色调及尺寸。这个案例选择了
形状各异的绿色叶材，点缀白色小花，打造低调中透露华美的冬季印象。
浇水时最好使用喷雾瓶。

花材与资材

① 尤加利…4 枝　　　　　　⑥ 大星芹…10 枝

② 文竹…5 枝　　　　　　　⑦ 白花苋…10 枝

③ 酸模…10 枝　　　　　　⑧ 刺芹…3 枝

④ 尤加利（四棱果桉）…5 枝　⑨ 地中海荚蒾…5 枝

⑤ 绵毛水苏…5 枝　　　　　⑩ 知风草…10 枝

麻绳

藤条

花艺铁丝

需要准备的资材

底座使用藤条弯曲成圆环
状。如果太硬很难弯曲，可
以先把它们放进水中泡软。

制作方法

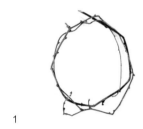

1

将藤条弯曲成圆环状。

2

用花艺铁丝将尤加利叶固定在藤环上。
固定四五个点即可，其中一个点要捆绑
得紧一些，其余的可以稍微松一点。

3

将酸模均匀地插在藤环的缝隙中。

4

在整个花环上插上地中海荚蒾。

5

较为集中地插入尤加利（四棱果桉），
不要过于分散。

6

同步骤 5 一样插入刺芹。

7

用同样的方法插入大星芹。

8

同样将白花苋及绵毛水苏插好。

9

在花环外侧插入文竹，将知风草插在花
环最上方，丰富整体的层次变化。

暖意 WARM

在空气清冷澄澈的冬季，

我们迎接新年，身与心都仿佛焕然一新。

随着日出时间不断提前，

梅花绽放，柳树抽芽，

盼望已久的初春终于来了。

渐渐鲜活的花花草草令人心情舒畅，

用它们种上一盆华丽的混栽，

迎接春季，也迎接全新的一年。

一起来享受

凛冬已过、暖春将至时的鲜花吧。

JANUARY

1
月

_____

花与花器的多彩搭配

　　说到冬季的鲜花，首先想到的就是水仙。虽然它个性独特，但只要将它们种在盘子里，也可以和宝塔花菜、翡翠珠这些差异较大的植物相搭配。此外，高矮不同的花器，能突出鲜花不一样的美，将同一种花与不同风格的花器进行搭配，可以有很多新的发现。在鲜花相对较少的时节，多在花器上下功夫，也能做出个性十足的作品，比如翻盖箱这样的物品作为花器来使用也会充满新意。

1月的花卉

　　这个月选择了黄色的水仙花和橘色的金盏花，它们朴素并有着怀旧感，能引起人们的思乡情绪。如果想要体验冬季特有的白绿色的优雅世界，可以用雪花莲搭配小白花，还可以用颜色柔和的花毛茛增加一点点春天的气息。

No.1

盘栽水仙

这个作品用盘子代替花器搭配黄色与白色的水仙花。作品没有凸显水仙的高度，而是有意让它们斜靠在盘中，表现了水仙别样的魅力。为了让作品从各个角度看上去都富有立体感，将整体造型制作成像平摆着的花束一般。再搭配一个铁质的罩子，为作品增加意趣。

花材与资材

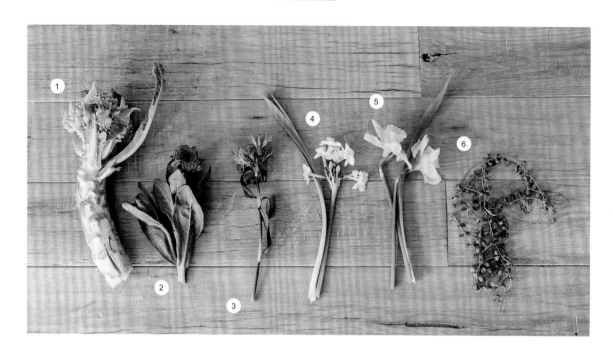

① 宝塔花菜···1 个

宝塔花菜是菜花的一种，形状独特，黄绿色的圆锥形花蕾螺旋状排列。

② 金盏花···2 枝

金盏花是一年生草本植物，花色有黄色及橙色。在欧美地区有时也作为食用香草使用。

③ 须苞石竹（手鞠草）···3 枝

须苞石竹（手鞠草）的花是直径约 3 厘米的球形，毛茸茸、软乎乎的，非常可爱。

④ 水仙（雪崩）···2 枝

白色的花瓣中间有个黄色的副花冠，十分可爱。一个花葶上可以开出很多朵花。

⑤ 水仙（喇叭水仙）···2 枝

喇叭水仙是多年生植物，花色有白色、黄色及橙色。花期在冬季至春季。

⑥ 翡翠珠···1 根

多肉植物，有着圆球一样的叶子，又被称为绿铃。

铁质的罩子

盘子

需要准备的资材

可以用花艺铁丝制成的罩子等代替铁质的罩子。盘子尽量选用浅一些、小一些的，颜色尽量为绿色，可以与植物融合成为一个整体。

要点

像宝塔花菜这一类茎部较粗的植物，可以事先在茎上切出几个小口，方便吸收水分。形状较大的花材，可以放在两侧，能更好地衬托小花的美。像翡翠珠这样可以提升整体效果的点缀花材，可以留在最后再插。

制作方法

1

在盘中放入适量的水，将宝塔花菜放进去。

2

金盏花放入盘中，放置时保持一定角度，让金盏花的根部与宝塔花菜的根部贴在一起。

3

须苞石竹（手鞠草）放在宝塔花菜及金盏花之间。

4

水仙（雪崩）轻轻架在宝塔花菜与须苞石竹（手鞠草）上方。

5

水仙（喇叭水仙）插在金盏花右侧。

6

翡翠珠插在宝塔花菜的左侧，从正面观察并调整整体效果，加入少量水。

制作方法

1

在盘中放入根部防腐剂，基本将盘底覆盖住即可。

2

从花盆中将堇菜取出，轻轻松土，注意不要碰伤根部。然后将其种在盘子的右侧。

3

用同样的方法将雪花莲种在左侧。

雪花莲的迷你小花园

这个设计使用了同一套盘子中大小不同的两只作为容器。在大盘子中种上雪花莲与堇菜，在小盘子中种上花量饱满的香雪球。白色的小花与简约风格的花器搭配，会更加惹人怜爱。最后在土面上铺上苔藓，增添一抹野趣。

花材与资材

干苔藓

根部防腐剂

复古盘子

① 雪花莲…3盆　② 堇菜（八重山屋久岛堇菜）…3盆

③ 香雪球…3盆

需要准备的资材

复古做旧风格的盘子十分适合种花。如果家中有被磕坏或不再使用的碗盘，也可以回收利用，用来种植球根植物。

4

最后在土面上铺苔藓。香雪球的栽种方法同上。

要点

如果想要让效果更加自然，在栽种时需要注意花朵的朝向。特别是茎部笔直生长的雪花莲和堇菜，如果都以同样的角度种下，看起来就会很死板。想要营造自然生长的效果，在栽种时就要稍稍改变各个植株的角度，让它们朝向不同方向。此外，这组混栽直接使用了原盆中的土。在将植株取出后，需要稍稍抖动松散一下根系再进行栽种，注意不要伤到根部。

ARRANGE
FLOWERS

No.3

使用翻盖箱作为容器

本案例将原本是白色绒毛的染色银芽柳与浅粉色的花毛茛搭配在一起，制作出温和
美丽的作品。灰色系的翻盖箱与鲜花柔和的颜色具有相同的色调，搭配和谐，箱子
上的英文是点睛之笔。为了不让颜色过于单调，花枝上保留了较多的绿叶，增加整
体的清爽感。将绿色的豌豆花插在花朵之间以及后方，使得整体看起来十分饱满。

花材与资材

① 银芽柳…3 枝

② 花毛茛（阿里亚德涅）…6 枝

③ 高雪轮（樱小町）…4 枝

④ 豌豆花…4 枝

需要准备的资材

只要在内部配上一个铁盆，像翻盖箱这样的器具也能成为花器。如果是高瘦的箱子也可以使用花瓶。

铁盆

翻盖箱

制作方法

1 在铁盆中放入水，将铁盆放进翻盖箱里。将银芽柳倾斜着放在两侧及中间的位置。

2 将花毛茛插在银芽柳之间。调整位置，让左侧占较大的比重。

3 将高雪轮均匀插在整个作品中。

4 将豌豆花插在比重较小的右侧。

要点

像银芽柳这样有很多枝丫的植物，可以最先插好，更容易把控整体效果。特意形成左右不对称的分布，可以让整个作品看起来更加自然。

JANUARY

2 月

用鲜花渲染静谧冬日

2月，天气愈发寒冷，自然界中的色彩越来越浅淡了。这时，更应该选择一些能让人提起精神的春花，比如水仙和多花报春。一丝丝若有似无的甘甜香气，让我们提前感受到春天的气息。用花量饱满的混栽装饰空间，能活跃冬日的氛围。要是装饰大门口或是院子，可以选择圣诞玫瑰，使用黑色或棕色的篮子作花器，可以更加衬托花朵的美丽。想要在狭窄的空间里装饰鲜花，可以用单枝花的瓶插插花。

2月选择的花卉

水仙及多花报春是从冬季到春季一直开花的植物，有很高的人气。另外，三色堇的花期也很长，花色多种多样，可以搭配出可爱的、优雅的等各种风格的作品。2~4月之间开花的圣诞玫瑰也是在冬季值得期待的鲜花。

No.1

水仙与报春花的混栽

水仙笔直生长，给人一种飒爽的印象。将有着可爱的圆形花朵的多花报春、有着薄薄绒毛的蜡菊和水仙种在一起，形成一组柔和的混栽。再将绿植海角樱草、百里香、千叶兰种在两侧及后方，使整体看起来十分清爽。

花材与资材

① 水仙（仙客来水仙）…2 盆
仙客来水仙一般只有 10 ~ 20 厘米高，在水仙中属于较矮的品种。

② 多花报春…2 盆
多花报春的花期在秋季到春季之间，冬季时记得让花蕾多晒太阳。

③ 欧报春…1 盆
与多花报春相比，欧报春的花要小一些。

④ 蜡菊…1 盆
蜡菊的茎叶上覆盖着一层柔软的银色绒毛。

⑤ 海角樱草…1 盆
海角樱草会开出大朵的花，花色丰富，有白色、红色、粉色、紫色等。

⑥ 百里香…2 盆
百里香有着清爽的香气，是一种具有杀菌作用的香草。

⑦ 千叶兰…1 盆
千叶兰有着横向匍匐生长的赤褐色细茎。

要点

在使用木箱代替花盆时，需要用电钻在木箱底部打孔，方便排水。不开孔或开孔太少容易积聚过多水分，引起烂根。

需要准备的资材

旧木箱可以作为花器回收利用。可以根据栽种的植物颜色，将木箱的侧面涂上新的颜色。以木箱作为容器的混栽，如果想要长时间养护，就要放在通风透气的地方。

木箱

培养土

干苔藓

制作方法

1

在木箱中放入一半左右的培养土。

2

将水仙全部种在左侧的位置。

3

将多花报春种在右侧。

4

将欧报春种在多花报春的右侧。

5

将蜡菊种在中央靠前的位置。

6

将海角樱草种在水仙的后方。

7

将百里香种在木箱前方的左右两角。

8

将干叶草种在后方。

9

在土面上铺上苔藓。

完成

No.2

圣诞玫瑰与苔藓的搭配

圣诞玫瑰的花瓣内侧是淡绿色的，外侧则泛着浅浅的黄色。我们将作品的主色调定为浅色，使用布满苔藓的黑色篮子作容器，打造自然的效果，并进一步衬托出花朵的美。

要点

在冬天，直到土或者苔藓发干了，才需要浇水。浇水过多会引起烂根，因此需要控制浇水的频率。但每次浇水时要浇透，直到从盆底渗出水来。

铁丝花篮

干苔藓

① 圣诞玫瑰（糖果之爱）

需要准备的资材

干苔藓很难覆盖在土面上。可以将干苔藓浸泡在水桶里，吸足水后再挤干多余的水分，让它保持一定的湿度再铺在土面上。

制作方法

1

在铁丝花篮里放入浸湿的苔藓，高度至篮子的 1/5 左右。

2

将苔藓覆盖在圣诞玫瑰的整个根部。

3

圣诞玫瑰种好后，最后将苔藓铺在土面上。

制作方法

1

先将三色堇插进瓶中。

2

高的植物要插在后方，因此将宫灯长寿花插在左后方。

3

将所有欧石南一起插在宫灯长寿花之间。

No.3

艳丽的三色堇瓶插

将家中的玻璃瓶及小玻璃杯作为花器，就能够轻松制作当季鲜花的家居插花。将艳丽的紫色三色堇与浅粉色的欧石南、浅黄中带着一抹红色的宫灯长寿花搭配在一起制作瓶插。将制作好的插花放在深色背景的地方，可以更好地衬托出紫色的美。

花材与资材

① 三色堇…3 枝　　③ 欧石南…3 枝

② 宫灯长寿花…2 枝　④ 狼尾蕨…1 枝

复古玻璃瓶

小玻璃杯

需要准备的资材

玻璃瓶可以和任何插花造型相匹配，是很好的花器。比起崭新的玻璃瓶，稍稍有些旧的复古风的瓶子要更合适一些，能够与花更好地搭配。

4

将狼尾蕨插在欧石南后方，让两侧看起来足够饱满。

要点

欧石南等花朵很小的植物要是分散地插在整个作品中，就会失去存在感，看不出小花的可爱形象，可以将它们集中插在一起增加存在感。

MARCH

3月

鲜花报告春天的来访

寂静的冬季后，迎来了色彩鲜艳的春天。3月，我们选择了既保留冬天优雅气质，又带着春天色彩的植物。3月总是伴随着一些让人欣喜的事，这节的作品就是专门为此制作的，有装饰庆典派对的插花，有可以作为礼物的花束。此外，要想让春天的气息感染我们的生活，可以用小瓶子或者小玻璃杯插上单枝花装饰家居。一起通过鲜花与绿叶来感受春天的美好吧。

3月的花卉

3月是从冬季走向春季的时节，这时的鲜花主要以柔和的色调为主。比如浅粉色的圣诞玫瑰、银莲花，稍稍泛着蓝紫色的香豌豆，以及浅橘色的风信子等，它们让季节渐渐染上缤纷的色彩。

No.1

圣诞玫瑰打造的鲜花瀑布

这是一组华美的鲜花搭配，适合用来装点值得庆祝的特殊日子。准备好长、短两种花束，将它们用花艺铁丝连接在一起，就可以做成瀑布的造型。这种不同于普通插花的造型可以用来装饰沙发靠背或者其他立面。

花材与资材

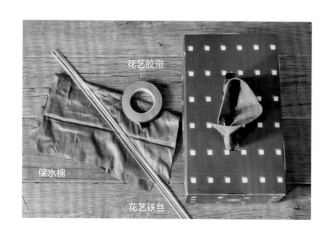

花艺胶带

保水棉

花艺铁丝

需要准备的资材

花艺铁丝的不同型号代表不同的粗细，粗的花艺铁丝型号数字小，细的花艺铁丝型号数字大。这个作品使用了较粗的20号花艺铁丝制作基座，较细的26号花艺铁丝用来固定刺芹、高雪轮一类茎较细的植物。

要点

为了让作品保持更久的观赏时间，预先给花材做保水处理是必不可少的。圣诞玫瑰这类茎较粗的花材使用"灼烧处理"，容易打蔫或者会分泌白色汁液的花材则用"水煮处理"。为了让植物更好地吸收水分，可以在植物茎部一字或十字切割，或是用锤子将花茎末端砸碎，再泡在深水中。

① 尤加利（多花桉）…10 枝　　⑤ 圣诞玫瑰…20 枝

② 豌豆花…10 枝　　　　　　　⑥ 刺芹…10 枝

③ 香豌豆（紫色美人鱼）…8 枝　⑦ 高雪轮（樱小町）…10 枝

④ 绛车轴草（海豚）…12 枝

制作方法

1

给圣诞玫瑰做保水。用旧报纸等包住圣诞玫瑰，将茎的末端留在外面。

2

将茎剪掉约 1 厘米，一边翻转一边在火上灼烧，直到茎部变黑。

3

准备清水，如图所示，稍稍没过旧报纸的高度。茎部灼烧结束后立刻将圣诞玫瑰泡进水里，放置 5 ~ 6 小时。

4

其他的植物要先用锤子将茎末端砸碎，让纤维变得松散。

5

用旧报纸包住经过步骤 4 处理的花，留出约 10 厘米的茎在外面。然后将末端 2 厘米左右的部分放在沸水中煮 10 秒。

6

煮好后立刻将花浸泡在水中，放置 5 ~ 6 小时。

7

准备 20 厘米长的花艺铁丝，对折后放在植物的茎上。

8

将其中一根花艺铁丝绕着茎部和另一根花艺铁丝缠绕两三圈，固定。

9

将保水棉浸湿后包裹住茎的根部。

10

用花艺胶带缠绕固定花艺铁丝及保水棉。用同样的方法处理所有的鲜花，挑出用于制作长花束的花材。

11

同样，将用于制作短花束的花材也归为一组。需要制作 3 个短花束。

12

制作花束前可以先将长花束及短花束的花材摆在一起，调整整体的长度及效果。

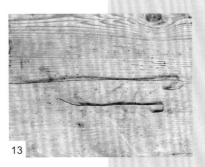

13

长花束使用一根 30 厘米长的花艺铁丝固定。3 个短花束需要使用 3 根 15 厘米长的花艺铁丝固定。将花艺铁丝顶端弯折成钩状，用花艺胶带缠好。

14

将做好的钩状花艺铁丝缠在花束的花茎上，将钩状部分留出。

15

除钩状部分之外的花艺铁丝和花茎用花艺胶带缠好。

16

将花艺铁丝缠好胶带的一端也弯折成钩状。

17

制作 1 个长花束，3 个短花束，每一个花束花茎处都捆绑上弯折成钩状的花艺铁丝。

18

将长花束预留出来的没有缠花艺胶带的钩与短花束 1 底部缠花艺胶带的钩挂在一起。再将短花束 1 预留出来的钩与短花束 2 底部的钩挂在一起。最后将短花束 2 预留出来的钩与短花束 3 底部的钩挂在一起。制作完成。

银莲花怀旧花束

这个案例是使用带根铃兰制作的春季花束。铃兰棕色的根系不仅能
衬托主花银莲花，又能增添自然感。与柔和漂亮的白色及淡粉色银
莲花搭配的是颜色或形状都很有个性的蕨芽、小麦等花材。将甜美
的花朵与成熟风格的果实相组合，能营造出优雅的氛围。如果想要
强调甜美的气质，也可以加上满天星一类具有蓬松感的花材。

花材与资材

① 银莲花…6 枝

本案例选用了有着白色花瓣及黑色花芯的优雅品种，花型很大。

② 白色大阿米芹…5 枝

白色大阿米芹的花就像纤细的蕾丝花边，十分优雅。

③ 铃兰…6 枝

铃兰的花朵朝下垂落，就像一排小铃铛。

④ 天竺葵…3 枝

天竺葵是多年生植物，能够散发出清爽的香气。

⑤ 绒毛饰球花…3 枝

绒毛饰球花会结出多个球状花蕾，随后开出一朵朵小花。

⑥ 蕨芽…7 枝

蕨类植物生长在水气充足的山野之间。

⑦ 小麦…5 枝

小麦是禾本科谷物，也可以做成干花。

⑧ 风信子（橙狮）…3 枝

风信子是一种球根植物，花簇拥在一起，有甘甜香气。

⑨ 羽衣甘蓝（又名叶牡丹）…1 枝

羽衣甘蓝不容易打蔫，很适合用来制作花束。

需要准备的资材

拉菲草用于捆绑花束，使用前需要浸湿，使其更加结实，能够将花束绑得更紧。

将银莲花组合成圆形，再以螺旋手法加入其他花材，制作成不论从哪个角度看都很漂亮的花束。需要去掉茎部靠下的叶子，否则捆绑部分容易腐烂。

制作方法

1

将银莲花组成一束，注意要让每一朵都朝向不同的方向。

2

用螺旋手法在银莲花后方的左右两侧加入白色大阿米芹。

3

继续用螺旋手法在白色大阿米芹之间添加铃兰。

4

以同样的手法添加天竺葵。

5

在天竺葵左右两侧添加绒毛饰球花。

6

将蕨芽添加在铃兰上方。

7

将小麦添加在天竺葵与绒毛饰球花的上方。

8

将所有风信子添加在后方的一侧。

9

羽衣甘蓝插在银莲花与白色大阿米芹之间。

10

从各个方向确认花束的状态，不协调的地方进行调整。

11

将拉菲草浸湿，缠绕花束2～3周，绑紧。

小小的玻璃杯与小小的花

用常见的玻璃瓶或者玻璃杯作为花器，就能在室内享受春天的香气及颜色了。细长的花器适合插笔直生长的植物，广口的花器则适合插蓬松一些的植物。这样的插花可以放在窗边或者洗手池边等狭小的位置，瞬间就能点亮整个空间。

花材与资材

需要准备的资材

使用玻璃瓶或玻璃杯作为容器。插花前如果鲜花开始打蔫了，就需要做保水处理。

① 油菜花…5 枝

② 蓬莱松…1 枝

③ 美蛛花（暗紫）…3 枝

④ 抱子甘蓝…12 ~ 14 个

⑤ 立金花（极光）…4 枝

⑥ 土耳其郁金香…4 枝

⑦ 天蓝尖瓣木
（又名蓝星花）…2 枝

植物图鉴

在这个部分，主要介绍本书中提及的鲜花、果实及绿植等植物。分为"观花植物""香草植物""观叶植物""多肉植物""观果植物"五个部分。

"观花植物"大致按照开花的花期排序。

"名称"为通常使用的名称。

"花期"为一般常见的开花时期。一些常年开花或主要使用其果实、茎叶的植物，没有标注花期。

"特征"部分介绍该植物的原产地、高度及适合的使用方法。

文中的（）中标注的是品种名。

名称	圣诞玫瑰（糖果之爱）
英文名或拉丁学名	Hellebore

科属	毛茛科铁筷子属
花期	1～3月开花
特征	原产于中国、地中海沿岸、巴尔干半岛、黑海沿岸等地。圣诞玫瑰不耐高温、不喜湿，养植时需要加强土壤的透气性及排水性。有着多种多样的花色与花型。

观花植物

圣诞玫瑰（糖果之爱）
Hellebore

毛茛科铁筷子属
1～3月开花

原产于中国、地中海沿岸、巴尔干半岛、黑海沿岸等地。圣诞玫瑰不耐高温、不喜湿，养植时需要加强土壤的透气性及排水性。有着多种多样的花色与花型。

雪花莲
Snowdrop

石蒜科雪滴花属
2～3月开花

原产于东欧地区的多年生植物。花朵朝向地面，惹人怜爱。是秋植球根植物，6月进入休眠期。

油菜花
Field mustard

十字花科十字花属
2月～3月

分布于南欧及小亚细亚地区。花色为黄色。切花最好选叶片经过整理的来年。切花流通的时间为年末至来年3月左右。

多花素馨
Pink jasmine

木犀科素馨属
2～8月开花

原产于中国。花色为淡粉色或白色。就算花谢了，带着叶子的枝条也是很好的花艺材料。

矢车菊
Cornflower

菊科矢车菊属
2～8月开花

原产于欧洲东南部的一年生植物。花瓣呈放射状，像风车一样，因此得名。是常见的鲜切花。

风信子（橙狮）
Hyacinth

天门冬科风信子属
3～4月开花

原产于希腊、叙利亚及亚洲的多年生植物。野生种的花为蓝紫色，园艺品种的花色很丰富，有粉色、黄色、橙色、白色、红色等。

土耳其郁金香
Tulip

百合科郁金香属
3～4月开花

原产于哈萨克斯坦的多年生植物。高20～40厘米，叶子呈线形。花色有淡黄色和黄色。

雅樱
Miyabi

蔷薇科樱属
3～4月开花

原产于日本的樱花之一，又名"公主雅樱"。花瓣较细，有红色细纹。花开时枝条轻微下垂。

银芽柳
Pussy willow

杨柳科柳属
3～4月开花

广泛分布于日本北海道至九州地区的河边，花蕾覆盖着一层白色蓬松的绒毛，喜湿润，不耐旱。

葡萄风信子
Muscari

百合科蓝壶花属
3～5月开花

分布在地中海沿岸及西亚等地，多年生植物。是秋植的球根植物，耐热、耐寒。开出的花由许多小花簇拥而成。

香雪球
Sweet alyssum

十字花科香雪球属
3～5月开花

原产于中欧至南欧、西南亚至中亚，以及北非等地区。多年生植物，花色十分丰富。

贝母
Fritillaria

百合科贝母属
3月中旬～6月上旬开花

原产于北半球温带地区的多年生植物。像吊钟一样的花朝向地面，十分独特，深受球根爱好者的喜爱。种类及花色都很丰富。

卷耳状石头花
Dwarf baby's breath

石竹科石头花属
3～6月开花

原产于喜马拉雅地区。不喜湿，种植时注意土壤的透水性。

柳穿鱼
Linaria

车前科柳穿鱼属
3月中旬～7月上旬，
12月上中旬开花

原产于北半球温带地区的多年生植物。茎容易倒伏，从茎上生长出的侧芽上会开出许多花。

花毛茛（阿里阿德涅）
Ariadne

毛茛科花毛茛属
3月中旬～7月上旬，
12月上中旬开花

高度可达1米，花瓣有好看的渐变，富有光泽。多头花，一朵朵花逐一绽放。

迷你月季
Rose

蔷薇科蔷薇属
3～11月开花

广泛分布于亚洲、欧洲、中东、近东及北美等地。花色、花型、大小都十分丰富。几乎全年生长。

矮牵牛
Petunia

茄科碧冬茄属
3～11月开花

原产于南美中东部亚热带至温带地区，多年生植物。作为混栽植物及花坛用花十分受欢迎，品种十分丰富。

天竺葵
Geranium

牻牛儿苗科天竺葵属
3月～12月上旬开花

原产于南非开普地区的多年生植物。只要温度适宜，可全年开花。除盆栽之外，还有许多功用。

齿叶天竺葵
Fern leaf

牻牛儿苗科天竺葵属
春季至初冬开花

原产于南非开普地区的多年生植物。花期为春季到初冬，开粉色花。绿色的叶片像蕾丝花边一样。

阳光樱
Yoko

蔷薇科樱属
4月中旬开花

别名"红吉野樱"。日本原产的樱花之一。是'天城吉野'与'寒绯樱'的嫁接品种，颜色鲜艳，为深粉色。

红吉野樱
Beni yoshno

蔷薇科樱属
4月中旬开花

又名"阳光樱"。日本原产的樱花之一。是'天城吉野'和'寒绯樱'的嫁接品种。有着鲜艳的深粉色花。

铁线莲（蒙大拿）
Clematis montana
var.rubens

毛茛科铁线莲属
4～5月开花

原产于中国等地的耐寒性较强的落叶藤本植物。开出的花有淡粉色及白色等颜色。

美蛛花（暗紫）
Solaria atropurpurea

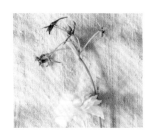

葱科
4～5月开花

原产于智利的球根植物。花色为巧克力色，花瓣顶端很尖，花型像星星，有香料的气味。

地中海荚蒾
Viburnum tinus

忍冬科荚蒾属
4～5月开花

原产于东亚、南欧等地，常绿或落叶灌木。会开出朴素的白色花朵，结出黑色果实。花与果都可用于花艺设计。

卵叶樱烛花
Night phlox

玄参科红蕾花属
4～5月开花

原产于南非的多年生植物，但由于不耐高温潮湿，经常被当做一年生植物种植。

菲利卡
Heath Phylica

鼠李科石南茶属
4～5月开花

原产于南非。在日本大多以切花的形式从海外进口。蓬松的质感很适合做成干花。

蓝盆花
Sweet scabious

川续断科蓝盆花属
4～5月开花

原产于西欧、西亚地区。茎细，小花簇拥在一起。花色较深，可以成为作品的亮点。

堇菜（八重山屋久岛堇菜）
Viola

堇菜科堇菜属
4～5月开花

原产于中国东北部至东部地区，日本、朝鲜半岛等地。高约10厘米，多年生植物。花朵直径约2厘米，花色有紫色、粉色、白色等。

花毛茛
Ranunculus

毛茛科花毛茛属
4～5月开花

原产于中近东至欧洲东南部的多年生植物，不容易打蔫，多瓣花，全开后花朵很大。别名"洋牡丹"。

矛豆（黑色门尼）
Lotus 'black mooney'

豆科矛豆根属
4～6月开花

原产于非洲的多年生植物。春季至初夏之间会开出黑色小花。叶子呈细条状，颜色是明亮的绿色，在混栽搭配中是很好的辅助素材。

金鱼草
Snapdragon

车前科金鱼草属
4～6月开花

原产于地中海沿岸地区。花色有粉色、白色、红色、黄色、橙色等。花朵圆润、独特，让人联想到金鱼。

羽扇豆
Lupine

豆科羽扇豆属
4月下旬～6月开花

原产于北美的一年生、两年生或多年生植物。会开出蝴蝶形的小花。有一些品种的花穗可达60～70厘米长。

屈曲花
Candytuft

十字花科屈曲花属
4～7月开花

原产于南欧、北非及西亚，一年生植物。屈曲花的花像甜品一样精致可爱，非常适合用作配花。

银莲花
Anemone

毛茛科银莲花属
4～7月开花

原产地为欧洲南部至地中海东部沿岸地区。容易受到光照与温度的影响，花朵白天绽放，晚上会闭合。

三色堇
Pans/Yviola

堇菜科堇菜属
4～7月开花

原产于欧洲的二年生或多年生草本植物。一般的三色堇与堇菜相比，花要更大。耐寒，结霜也不会枯萎。

大丽花（群金鱼）
Dahlia

菊科大丽花属
4～9月开花

原产于墨西哥及危地马拉的春植球根植物。花型从重瓣到单瓣，种类丰富。花的大小也各不相同，用途广泛。

金盏花
Calendula

菊科金盏菊属
4 ~ 9 月开花

原产于地中海沿岸地区。高
30 ~ 60 厘米，耐寒性强。
花朵直径 6 ~ 8 厘米，花色
有橙色、黄色等。

白花苋
Desert cotton

苋科白花苋属
4 ~ 10 月开花

原产于南非。会开出很多像
猫尾巴一样毛茸茸的白色花
朵，长度约 4 厘米。做成干
花也十分好看。

天芥菜
Heliotrope

紫草科天芥菜属
4 月下旬 ~ 10 月上旬开花

分布在全世界的热带及温带
地区，一年生或多年生植物。
作为混栽植物种植时，要注
意浇透水，不能让土壤干燥。

斑叶玫瑰天竺葵
Rose geranium

牻牛儿苗科天竺葵属
4 ~ 11 月开花

原产于南非的多年生植物。品
种及花色都很丰富。有灌木及
藤本两种类型，花期很长。

通奶草
Euphorbia diamond frost

大戟科大戟属
4 月 ~ 11 月下旬开花

原产于墨西哥。高约 30 厘米，
白色小花苞很有特色。开花
时间在春季至秋季之间。夏
季时也很耐热，观赏期很长。

补血草
Limonium

白花丹科白花丹属
4 ~ 12 月开花

原产于全球沿海、沙漠及荒
野地区，多为一年生或两年
生植物。种类丰富，不容易
打蔫，是很有人气的切花及
干花品种。

大戟
Euphorbia hypericifolia L

大戟科大戟属
4 月下旬 ~ 来年 1 月下旬开花

原产于墨西哥南部至萨尔瓦
多共和国之间的灌木。大戟
属的原种有 2000 余种，十分
多样。

溪荪
Iris

鸢尾科鸢尾属
5 ~ 6 月开花

原产于东北亚地区。植株高
30 ~ 60 厘米，顶端会开出
1 ~ 3 朵花，多年生植物，耐
寒性与耐热性都很好。

齿叶溲疏
Crenata deutzia

虎耳草科溲疏属
5 ~ 6 月开花

分布于东亚、喜马拉雅地区
及墨西哥等区域的常绿灌木。
种类多达 50 种，有很强的耐
寒性和耐热性。

高雪轮（樱小町）
Sweet william catchfly

石竹科蝇子草属
5 ~ 6 月开花

原产于欧洲的一年生植物。
淡粉色的花色营造出柔和的
氛围。高雪轮的切花大多在
冬季到春季之间上市。

铃兰
Lily of the valley

百合科铃兰属
5 ~ 6 月开花

原产于欧洲、东亚、北亚。
花色有白色、粉色等，有花香。
耐寒性强，光照不足也可以
生长。

红车轴草
Cattleya olover

豆科车轴草属
5 ~ 6 月开花

原产南非的多年生草本植物。
比我们一般所说的四叶草要
矮一些，花色为粉色，尖端
泛白。

黄栌
Smoke bush

漆树科黄栌属
5～6月开花

原产自欧洲、喜马拉雅地区、中国等地的雌雄异株落叶树。花朵外观像烟雾一样，十分独特。

芍药
Peaonia lactiflor

芍药科芍药属
5～6月开花

原产于中国、蒙古及朝鲜半岛等地。在欧洲被称为"5月的蔷薇"。不论是西方还是东方，都很受欢迎。

菝葜
Common smilax

百合科菝葜属
5月中旬～6月开花

原产于欧洲南部的藤本植物。与土茯苓同属。大多由海外进口。

龙面花
Nemesia

玄参科龙面花属
5～7月开花

原产于南非，有多年生及一年生两种类型，也有一些可以越夏的改良品种。花色有蓝色、白色、粉色、紫色等，花型蓬松。

绛车轴草（海豚）
Trifolium

豆科车轴草属
5～7月开花

原产于欧洲，广泛分布于全世界，与车轴草外观相近，但花比其大，花色以粉色系为主。也可制成干花。

小茴香
Fennel

伞形科茴香属
5～7月开花

原产于地中海沿岸的香草。叶片及茎部有着甘甜清爽的香气。除了用于园艺混栽，也是餐饮界必不可少的香料食材。

花笠空木
Hydrangea luteovenosa

绣球花科绣球属
5～7月开花

小额空木的园艺品种。落叶灌木，小花簇拥在一起，像是一顶花笠。

洋甘菊
Chamomile

菊科果香菊属
5～7月开花

原产于欧洲至西亚之间的地区。分为一年生的德国洋甘菊和多年生的罗马洋甘菊，是不可多得的香草。

毛地黄（达尔马提亚桃）
Foxglove

玄参科毛地黄属
5～7月开花

原产于亚洲、北非、欧洲西南部的耐寒性较强的多年生或两年生植物。高度很高，又名"狐狸手套"。夏季需要遮阴处理。也可用作草药。

酸模
Rumex, Docs

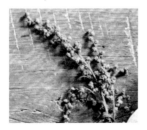

蓼科酸模属
5～8月开花

广泛分布在日本全域，生长在稻田及菜地之间，或者湿气重的路边及原野。高度在40～100厘米之间，会开出圆锥形的花。

绒毛饰球花
Berzelia

绒球花科饰球花属
5～8月开花

原产于南非。从小球状的花蕾中可开出白色的花。一般观赏的都是花蕾。也可以做成干花。

蓍草
Yallow

菊科蓍属
5月中旬～8月中旬开花

多年生植物，在北半球约有100个品种。蓍草还是一种草药，可以做成干花。

红花球葵
Scarlet globe mallow

锦葵科球葵属
春季、夏季开花

原生于加拿大南部至美洲西南部的开阔草原、山地地区，多年生植物。茎可以长到30～90厘米高，开红色花朵。

玻璃苣
Borage

紫草科琉璃苣属
5～9月开花

原产于地中海沿岸的香草。叶片表面覆盖着一层绒毛，夏季开星形小花。可用于食用或制作香草茶。

立金花（极光）
Lachenalia

天门冬科立金花属
5～9月开花

原产于南非，香气优雅，又被称为非洲风信子。'Aurora'是日本三宅花卉园培育的品种。

绣球（紫色的光辉）
Hydragea

虎耳草科绣球属
5～8月开花

日本产的品种流通至欧美后经过改良，被称为西洋绣球。上市时间为4～6月。

翠雀
Delphinium

毛茛科翠雀属
5～10月开花

原产于欧洲的多年生植物，在气候温暖的地区为一年生植物。广泛分布于欧洲、伊比利亚半岛、中亚等地。春秋季市场上有幼苗的盆栽。

铁线莲（白万重）
Clematis

毛茛科铁线莲属
5～10月开花

原产于东亚、东南亚、南欧地区的多年生藤本植物。喜欢光照好、通风的位置，不耐热。有着多种多样的花色与花型。

天蓝尖瓣木
Tweedia

旋花科土丁桂属
5～10月开花

原产于巴西、乌拉圭。蓝紫色的花随着时间逐渐变浅，花期快结束时泛粉。将切口处分泌的白色液体冲洗掉可以让切花不容易打蔫。

海角樱草
Streptocarpus

苦苣苔科海角苣苔属
5～10月开花

原产于南非及马达加斯加地区的多年生热带植物。常绿植物，花色丰富，有白色、红色、粉色、紫色等。

西番莲（维多利亚）
Passionflower

西番莲科西番莲属
5～10月开花

分布于美洲、亚洲、澳大利亚等地区。常绿的藤本植物，花朵外观像钟表的表盘一样。

百日菊
Zinnia

菊科百日菊属
5月～11月上旬开花

原产于以墨西哥为中心的南北美地区，一年生植物。正如其名称，百日菊开花时间很长，很容易种植。不论是切花还是盆栽，市场上有许多品种的百日菊流通。

马鞭草
Verbena

马鞭草科马鞭草属
5～11月中旬开花

原产于南北美洲的热带至亚热带地区。约有250种野生种。有笔直生长的，也有匍匐生长的。

豌豆花
Pea

豆科山黧豆属
6～7月开花

原产于中东、近东地区的一年生植物。是豌豆的花，做成切花后被称为豌豆花。叶子的颜色很漂亮，多数情况下只使用叶子进行搭配。

黑种草
Love in a mist

毛茛科黑种草属

6～7月开花

原产于南欧。针一样的叶片包围着花，花萼形似花瓣十分独特。花谢后会结出像气球一样的果实。

满天星
Baby's breath

石竹科石头花属

6～8月开花

原产于欧洲、亚洲的宿根草。我们一般说的满天星，指的是圆锥石头花。全年上市。

松果菊
Echinacea

菊科松果菊属

6月中旬～8月开花

原产于北美的多年生植物。花的中心会凸起，周围围绕着细长的花瓣。在欧美，松果菊也是一种香草。

刺芹
Amethyst sea holly

伞形科刺芹属

6～8月开花

原产于欧洲、南北美洲的多年生草本植物。多朵小花簇拥着开放，包裹花朵的苞片上有刺。可以做成干花。

帚石南
Heather

杜鹃花科帚石南属

6～9月开花

原产于北非、欧洲、西伯利亚地区的花木。与欧石南同科，常绿灌木，拥有如同针叶树一样的外观。

香豌豆（紫色美人鱼）
Sweet pea

豆科山黧豆属

6～9月开花

原产于西西里岛的一年生植物。花香十分惹人喜爱。花色丰富，还有许多染色的切花在晚秋至春季之间上市。

香豌豆
Perennial pea

豆科山黧豆属

6～9月开花

原产于地中海沿岸的多年生植物。在市场上的流通时间也很长，花色以白色、粉色为主。

千日红
Globe amaranth

苋科千日红属

6～9月开花

原产于热带地区的一年生或多年生植物，耐热、耐干旱，花期长。制成的干花不容易褪色。

草原松果菊
Mexican hat

菊科松果菊属

6～10月开花

原产于北美、墨西哥等地的宿根草本植物。花朵外形与墨西哥帽子很像，十分独特。盛夏时很少开花。

粉色鼠尾草
Pink sage

唇形科鼠尾草属

6～10月开花

分布在南非北部至津巴布韦之间的地区。会开出许多粉色小花。

白色大阿米芹
Queen anne's lace

伞形科阿米芹属

7～8月开花

原产于地中海沿岸至西亚地区的一年生植物。蕾丝花边一样的花纤细又优雅，花艺设计中适合作为配花。

大星芹
Astrantia

伞形科星芹属

8～9月开花

原产于欧洲的宿根花卉。初夏是其生长最茂盛的季节，冬天也能见到少量。不容易打蔫，干燥后的样子十分有特点。

杭白菊
Chrysanthemum

菊科茼蒿属
9 ~ 11 月开花

原产于中国的多年生植物。
花色丰富，有白色、粉红色、
黄色、橙色、绿色等。非常
适合作为切花或盆栽种植。

仙客来
Cyclamen

报春花科仙客来属
10 月~来年 3 月开花

原产于北非、中东、欧洲地
中海沿岸等地区的球根植物。
花色有白色、红色、粉色、
黄色及紫色等，十分丰富。
每年 10 月下旬至 12 月之间
上市量较大。

水仙（仙客来水仙）
Cyclamen-flowered daffodil

石蒜科水仙属
11 月~来年 3 月开花

原产于地中海沿岸。高约
10 ~ 20 厘米，较矮，花直
径约 3 厘米。花瓣与副花冠
都是鲜艳的黄色。

多花报春
Primula polyantha

报春花科报春花属
11 月~来年 4 月开花

原产于欧洲的常绿多年生植
物。花色丰富，品种有重瓣花、
超大花等。叶片较厚，深绿色。
不耐热。

欧报春
Primula juliana

报春花科报春花属
11 月~来年 4 月开花

原产于欧洲的多年生植物。
由花型较大的多花报春进行
改良后的品种。不耐寒、不
耐热。

欧石南
Heath

杜鹃花科欧石南属
11 月~来年 6 月开花

原产于南非及欧洲的花木。
前一年的花期结束后，将欧
石南移栽到透气性较好的土
壤中，可以让它在下一年开
出更多的花。

朱萼梅
New south wales
christmas bush

合椿梅科朱萼梅属
11 ~ 12 月开花

原产于澳大利亚的常绿树。
花朵干枯之后，花萼会变大、
发红。朱萼梅的切花大多在
圣诞节前后上市。

水仙（喇叭水仙）
Wild daffodil

石蒜科水仙属
12 月~来年 4 月开花

原产于伊比利亚半岛、地中
海地区的球根植物。在花的
中央有喇叭状的副花冠。是
威尔士的国花。

香草植物

水仙（雪崩）
Bunchflower daffodil

石蒜科水仙属
12 月~来年 4 月开花

原产于以伊比利亚半岛为中心
的地中海地区。球根植物，丛
状开花，花香与日本水仙相似。

宫灯长寿花
Life plant

景天科伽蓝菜属
12 月~来年 5 月开花

广泛分布于非洲、亚洲等热
带、亚热带地区。多年生草
本植物，花朵向下垂落像铃
铛一样的形状惹人怜爱。

花烛
Anthurium

天南星科花烛属
全年开花

原产于美洲热带地区的热带
植物，有多种花色，其特征
是花瓣状的佛焰苞。种植花
烛时，冬天需要让室温保持
在 13 度以上。

百里香
Thymus

唇形科百里香属
4 ~ 6 月开花

原产于地中海沿岸的香草。
花色有白色、红色、粉色、
紫色等。也可用于绿化。不
喜高温多湿的环境。

牛至
Oregano

唇形科牛至属
6 ~ 10月开花

原产于欧洲、东亚的多年生草本植物。作为香草十分有名，同时因花朵美丽也可用于观赏。

白鼠尾草
White sage

唇形科鼠尾草属
4 ~ 6月开花

原产于美国加利福尼亚州南部的香草，与鼠尾草同属。与其他鼠尾草相比，香气更加浓郁。

罗勒
Basil

唇形科罗勒属
7 ~ 9月开花

原产于印度等亚洲热带地区的香料，有着甘甜清新的香气，可以用于食用。

迷迭香
Rosemary

唇形科迷迭香属
11 ~ 5月开花

低木香草。花色有紫色、蓝色、白色等。有直立性及匍匐性等多种类型。在日照强的地方生长迅速，不耐湿。

观叶植物

柠檬香茅
Lemon grass

禾本科香茅属

多年生香草。叶片有着柠檬与生姜混合的香气，可以用于混栽、食用或做成蜡烛。

柠檬马鞭草
Lemon verbena

马鞭草科橙香木属
8 ~ 9月开花

灌木香草。碰到叶片后会散发出柠檬香气。干燥后还会继续散发香气，因此除了混栽，还可以做成干花。

柠檬桃金娘
Lemon myrtle

桃金娘科巴毫属
5 ~ 6月开花

原产于澳大利亚的香草。与桃金娘近缘。极不耐寒，冬季种植需要保暖措施。环境越干燥，香气越持久。

欧石南属植物（目前没有中文名）
Erica sessiliflora

杜鹃花科欧石南属
1 ~ 2月开花

原产于南非。花蕾为绿色，开出的花是白色，花瓣的顶端泛粉。茎的形状像绿色仙人掌一样，被针状的叶片包裹。这个品种比欧洲的品种更耐热。

蕨芽
Royal fern

紫萁科紫萁属

原产于中国、韩国等地。在市场上流通的时间为 1 ~ 4月。也可以食用。可以利用它独特的外观来进行搭配。

狼尾蕨
Davallia trichomanoides

骨碎补科骨碎补属

原产于马来西亚的蕨类植物。切叶大多是海外进口，也有幼苗在市场上流通。

长叶金钗木
Barker bush

山龙眼科金钗木属

原产于澳大利亚的罕见品种。独特的细长叶片可以成为搭配中的亮点，让整体效果充满野趣。

矛豆（棉花糖）
Lotus bertheloti
'cottoncandy'

豆科矛豆属

半耐寒性多年生植物。耐热，春季至夏季生长，枝条上长着纤细的银色叶子。可以在混栽中充分利用其叶子的特点。

羽衣甘蓝
Ornamental cabbage

十字花科芸薹属

原产于欧洲的两年生或多年生植物。随着气温的下降，其叶片的颜色会从白色逐渐变为红色、紫色。

吊竹梅
Tradescantia

鸭跖草科紫露草属

原产于墨西哥的多年生植物。品种大多具匍匐茎。叶片外观美丽，可以充分利用这一特点进行搭配。

绵毛水苏
Lamb's-ear

唇形科水苏属
5月中旬～7月开花

原产于除澳大利亚之外的其他温带、亚热带地区。覆盖着一层白色绒毛的叶片十分柔软，可作为混栽植物和花艺设计材料。

黑叶尤加利
Willow myrtle

桃金娘科香柳梅属

原产于澳大利亚的树木。特征是细长舒展的叶片，叶子的颜色在春季至秋季为深绿色，气温下降后变成黑紫色。

铜叶车前草
Common plantain

车前科车前属

原产于欧洲，作为杂草流入日本，多年生植物。别名西洋大车前草。有着独特的朴素气质，生命力强。

贝利氏相思树
Acacia

豆科金合欢属
3～4月上旬开花

原产于澳大利亚东南部的乔木，会开出黄色小花。银灰色的叶子非常适合作为混栽花材。

蜡菊
Helichrysum

菊科蜡菊属
5～8月开花

原产于南非。叶片上覆盖有绒毛。推荐在寒冷的季节使用，能营造温暖的感觉。也有一些品种的叶片是柠檬绿或银色的，还有叶片较小的品种。

文竹
Asparagus

天门冬科天门冬属

原产于南非。有着蓬松的外观。

爱尔兰珍珠草
Corsican pearlwort

石竹科漆姑草属
5～8月开花

高度较矮，像苔藓一样，但延展性高。有时可像草皮一样铺在培养土表面。

千叶兰
Angel vine

蓼科千叶兰属
5～8月开花

原产于新西兰的藤本植物。有着缝衣针一样纤细的茎，横向匍匐生长。

蓬莱松
Asparagus

天门冬科天门冬属

蓬莱松是文竹中茎部木质化了的品种，叶片较短。

金丝桃
Hypericum

藤黄科金丝桃属

分布在全世界的热带地区和温带地区，常绿或落叶灌木。漂亮的绿色树叶、有着长长雄蕊的深黄色花朵以及可爱的圆形果实都是花艺素材。

宝塔花菜
Romanesco

十字花科芸薹属

原产于地中海沿岸的一年生植物。高约1米，会开出浅黄色花。花蕾以螺旋状排列，可以食用。

须苞石竹（手鞠草）
Dianthus

石竹科石竹属

须苞石竹的园艺品种，耐寒性强，多年生植物。绿色的花瓣像萼片一样聚集在一起，形状像乌贼一样，十分独特。

蓝羊茅
Festuca glauca

禾本科羊茅属
6～7月开花

原产于欧洲的多年生植物。有着密密匝匝的蓝灰色细长叶片，可以用于园艺混栽。

欧洲凤尾蕨
Brake fern

凤尾蕨科凤尾蕨属

广泛分布于全世界的多年生植物，约有250个品种，叶片外观美丽，是很受欢迎的观叶植物。很多品种叶片上都有白色斑纹。

黑麦冬
Black mondo grass

天门冬科沿阶草属
6～8月开花

原产于东亚地区的多年生草本植物，高10～40厘米，也可用于绿化。

球莎（水晶玻璃）
Ficinia truncate

莎草科球莎属

原产于南非的常绿多年生植物。有着独特的细长叶片，叶片被白色绒毛覆盖。耐寒性强，但不喜潮湿环境。

玉簪
Hosta

百合科玉簪属
7～8月开花

原产于中国、日本的多年生草本植物。有着独特的漂亮叶脉，除了绿色还有黄色及斑纹的品种。不论是用于切花或是盆栽都十分受欢迎。

钢丝弹簧草
Albuca spiralis

百合科弹簧草属

原产于南非的球根植物。"Albuca"是"白"的意思。喜光照，需要放在通风良好的户外，不喜潮湿。

细叶芒
Chinese silver grass

禾本科芒属
9～10月开花

多年生植物，分布于中国、日本、朝鲜半岛等地，开白色的植物。自古就是代表秋季的植物之一，在日本被纳入秋季七草。

小麦
Barley

禾本科小麦属

作为花艺材料使用时，一般是用绿色的表穗。早春至春季流通较多。

薹草
Sedge grass

莎草科薹草属

广泛分布于全世界的多年生草本植物，品种多达2000种。有着随风摇曳的细叶和美丽的颜色。

知风草
Lovegrass

禾本科画眉草属
8～10月开花

分布在日本本州、四国、九州地区的多年生草本植物。高30～80厘米，穗为紫色，会开出小花。

耳蕨
Polystichum

鳞毛蕨科耳蕨属

广泛分布于日本关东地区至九州的森林地带，大型蕨类植物。独特的叶片泛着光泽，颜色为深绿色，容易养护。

胡颓子
Silverberry oleaster

胡颓子科胡颓子属

分布于欧洲、北美洲、东南亚等地的落叶或常绿灌木。夏季时会结出椭圆形果实。作为切花流通的大多是有着灰绿色叶子的银叶胡颓子。

黍（巧克力）
Panicum virgatum（chocolata）

禾科黍属

原产于北美的一年生植物，是黍的一种。穗很长，如果搭配时觉得太大，可以分剪后使用。

矾根
Corallbells

忍冬科矾根属

原产于北美、墨西哥等地的多年生植物。外观很紧凑，是一种彩色叶片植物，很适合园艺混栽。

紫蕨草
Hemigraphis repanda

爵床科半插花属

原产于马来西亚东部的多年生或一年生植物，会开出大量花朵。最适合作为绿化植物和制作吊篮。

朝雾草
Silvermound Artemisia

菊科蒿属
8～9月上旬开花

多年生草本植物。与蒿草是同属。叶片上密被白色的绒毛，有优美的姿态与风情。

蜜花
Melianthus major

蜜花科蜜花属

原产于南非。生长速度很快，一至两年就能成型。叶片形状独特，有着很深的锯齿。叶子有毒，叶片变红后会发出臭气。

尤加利（四棱果桉）
Tallerack

桃金娘科桉属

原产于澳大利亚。有着银绿色的叶子和有棱角的果实。像涂了漆一样的白色木纹也很特别。也可以做成干花。

多肉植物

尤加利（多花桉）
Red box

桃金娘科桉属

原产于澳大利亚。生命力旺盛，生长速度快。圆形叶片泛着蓝绿色，非常受欢迎，会结出许多果实，是常用的花艺叶材。

莱兰柏
Leyland cypress

柏科柏木属

柏木属与云杉的属间杂交品种。叶片全年保持深绿色，树形圆锥形。

石莲花（蓝公主）
Echeveria princess blue

景天科石莲花属

原产于中美地区的多肉植物。叶片颜色鲜艳，重叠成玫瑰花瓣一样的造型。

石莲花（蓝色褶边）
Echeveria shaviana blue frills

景天科石莲花属
2～8月开花

原产于中美地区的多肉植物。由叶片周边有波浪形褶皱的沙继娜培育而成。除蓝色褶边之外，还有'绿色褶边'及'粉色褶边'。

石莲花
Echeveria

景天科石莲花属

原产于中美地区的多肉植物。种类多样，叶子的形状、颜色各不相同。不同品种的花期也不同。

石莲花（皮氏石莲）
Echeveria peacockii

景天科石莲花属

图中是皮氏石莲的变种。有着圆形薄叶片，植株较大，叶片顶端泛粉色。有的品种叶片有斑纹。

乙姬
Crassula cooperi 'akari'

景天科青锁龙属
春季、秋季开花

原产于非洲南部、东部地区的多肉植物。青锁龙属植物，很耐旱，注意不要浇太多水。

岩莲华
Orostachys iwarenge
var. boehmeri

景天科瓦松属

原产于日本的多肉植物。根部附近会长出许多纤匍枝，顶端会生出子株。喜欢排水性好的土壤。

观果植物

黛比
Graptoveria 'DEBBI'

景天科风车石莲属
5～8月开花

风车石莲属是景天科的风车草属与石莲花属进行属间杂交的产物。夏季养植时放置在半阴处。

翡翠珠
String of pearls

菊科千里光属

原产于非洲的多肉植物。圆球状的叶片在藤上连成一串。夏季要避免阳光直射。

石斑木
Indian hawthorn

蔷薇科石斑木属

原产于日本及朝鲜半岛南部地区的常绿花木。会开出白色或浅红色的花，秋天果实会变成紫黑色。

土茯苓
China root

百合科菝葜属

分布在中国、日本伊豆大岛、朝鲜半岛等地区。5月左右结绿色果实，秋天变红。也可以做成干花。

粉红胡椒
Pepper tree

漆树科黄连木属

原产于南美。大多以结着甜美的粉色果实的干花形式出现，打造与鲜花之间的对比。

红宝石山楂
Japanese hawthorn

蔷薇科山楂属

原产于中国中部的落叶灌木。春天会开出白色或粉色的花，9～10月时会结出红色或黄褐色的果实。耐寒性较强。

野玫瑰
Japanese rose

蔷薇科蔷薇属

原产于日本的落叶性藤本植物。开白色或浅红色的花。秋天细长的藤条上会结出果实，成熟后变红。

红莓苔子
Cranberry

杜鹃花科越桔属

原产于欧亚大陆北部及北美的森林地区，常绿灌木。在夏末至10月间会结出绿色的果实。

结　语

首先感谢大家阅读本书。借着出版的机会，我回顾过去，唤起了许多与花花草草有关的记忆。

我在 20 多岁时便成为一名花艺师，有时也会举办一些关于花卉的讲座。那时我还是年轻的小辈，对于开讲座当老师，感到很大的压力。但即便如此，每一位学员都会按时来上课。一天，一位上了年纪的女性学员对我说："每次来这里上课感觉都很幸福，心灵都被净化了。"我当时十分开心，但现在想想，那时还年轻的我未必真正理解这句话的本质。之后过了很久，我终于体会到，对于一名女性来说，与花花草草打交道的时光是多么美好。在忙碌的生活中，能腾出多少时间来悠闲地插花呢？与花相伴的时间可以说是"真正属于自己的时间"。我们并不需要大量的花材，或者昂贵的品种，平常的花朵，甚至路边的野花就足矣。希望这本书能成为大家在生活中为自己插上一朵鲜花的契机。

自从开始写作本书，这一年中，全身心地投入到了与鲜花相伴的生活之中。感谢出版社的编辑、brocante 的工作人员，以及我亲爱的家人。同样也感谢一直以来支持brocante 的各位客人。谢谢你们。

松田尚美